建设行业专业人员快速上岗100问丛书

手把手教你当好测量员

王文睿　主　编
张乐荣　高佑凯　武　峰
温世洲　雷济时　马振宇　副主编
何耀森　主　审

中国建筑工业出版社

图书在版编目（CIP）数据

手把手教你当好测量员/王文睿主编. —北京：中国建筑工业出版社，2015.3
（建设行业专业人员快速上岗100问丛书）
ISBN 978-7-112-17678-6

Ⅰ.①手… Ⅱ.①王… Ⅲ.①建筑测量-问题解答 Ⅳ.①TU198-44

中国版本图书馆CIP数据核字（2015）第015897号

建设行业专业人员快速上岗100问丛书

手把手教你当好测量员

王文睿 主 编
张乐荣 高佑凯 武 峰
温世洲 雷济时 马振宇 副主编
何耀森 主 审

*

中国建筑工业出版社出版、发行（北京西郊百万庄）
各地新华书店、建筑书店经销
北京科地亚盟排版公司制版
北京云浩印刷有限责任公司印刷

*

开本：850×1168毫米 1/32 印张：9 字数：239千字
2015年5月第一版 2015年5月第一次印刷
定价：**25.00**元
ISBN 978-7-112-17678-6
（26979）

版权所有 翻印必究
如有印装质量问题，可寄本社退换
（邮政编码 100037）

本书是“建设行业专业人员快速上岗100问丛书”之一。主要根据《建筑与市政工程施工现场专业人员职业标准》JGJ/T 250—2011编写。全书包括通用知识、基础知识、岗位知识、专业技能共四章28节，内容涉及建筑工程测量员工作中所需掌握的知识点和专业技能。

为了方便读者的学习与理解，全书采用一问一答的形式，对书中内容进行分解，共列出234道问题，逐一进行阐述，针对性和参考性强。

本书可供建筑工程测量员、建设单位工程项目管理人员、监理单位工程监理人员使用，也可作为基层施工管理人员学习的参考。

责任编辑：范业庶　王砾瑶　万　李
责任设计：董建平
责任校对：关　健　姜小莲

出版说明

随着科学技术的日新月异和经济建设的高速发展，中国已成为世界最大的建设市场。近几年建设投资规模增长迅速，工程建设随处可见。

建设行业专业人员（各专业施工员、质量员、预算员，以及安全员、测量员、材料员等）作为施工现场的技术骨干，其业务水平和管理水平的高低，直接影响着工程建设项目能否有序、高效、高质量地完成。这些技术管理人员中，业务水平参差不齐，有不少是由其他岗位调职过来以及刚跨入这一行业的应届毕业生，他们迫切需要学习、培训，或是能有一些像工地老师傅般手把手实物教学的学习资料和读物。

为了满足广大建设行业专业人员入职上岗学习和培训需要，我们特组织有关专家编写了本套丛书。丛书涵盖建设行业施工现场各个专业，以国家及行业有关职业标准的要求和规定进行编写，按照一问一答的形式对专业人员的工作职责、应该掌握的专业知识、应会的专业技能、对实际工作中常见问题的处理等进行讲解，注重系统性、知识性，尤其注重实用性、指导性。在编写内容上严格遵照最新颁布的国家技术规范和行业技术规范。希望本套丛书能够帮助建设行业专业人员快速掌握专业知识，从容应对工作中的疑难问题。同时也真诚地希望各位读者对书中不足之处提出批评指正，以便我们进一步改进和完善。

中国建筑工业出版社

2015年2月

前　言

本书为“建设行业专业人员快速上岗100问丛书”之一，主要为建筑工程测量员实际工作需要编写。本书主要内容包括通用知识、基础知识、岗位知识、专业技能四章，共234道问答题，囊括了建筑工程测量员实际工作中可能遇到和需要掌握的绝大部分知识点和所需技能。本书为了便于建筑工程测量员及其他基层项目管理者学习和使用，坚持做到理论联系实际，以通俗易懂、全面受用的原则，在内容选择上注重基础知识和常用知识的阐述，对建筑工程测量员在工程施工过程中可能遇到的常见问题，采用了一问一答的方式进行了简明扼要的回答。

本书将建筑工程测量员的职业要求、通用知识和专业技能等有机地融为一体，尽可能做到通俗易懂，简明扼要，一目了然。本书涉及的相关专业知识均按2010年以来修订的新规范编写。

本书可供建筑工程测量员及其他相关基层管理人员、建设单位项目管理人员、工程监理单位技术人员使用，也可作为基层建筑工程施工管理人员学习建筑工程施工测量的参考。

本书由王文睿主编，张乐荣、高佑凯、武峰、温世洲、雷济时、马振宇等担任副主编。刘淑华高级工程师对本书的编写给予了大力支持，何耀森高级工程师审阅了本书全部内容，并提出了许多宝贵的意见和建议，作者对他们表示衷心的谢意。由于我们理论水平有限，本书中存在的不足和缺漏在所难免，敬请广大测量员及其他施工管理人员及专家学者批评指正，以便帮助我们提高工作水平，更好地服务广大土建工程测量员和项目管理工作者。

编者

2015年2月

目　录

第一章　通用知识

第一节　相关法律法规知识

第二节　工程材料的基本知识

第三节　施工图绘制、识读的基本知识

第四节　建筑力学基础知识

第五节　工程项目管理的基础知识

第二章　基础知识

第一节　工程测量基础知识

第二节　常用工程测量仪器的基本知识

第三节　高程测量基础知识

第四节 地籍测量基础知识

第五节 地形图测量基本知识

第六节 控制测量基础知识

第七节　建筑工程施工测量

第八节　施工测量资料应用计算机管理的基本知识

第九节　安全生产和文明施工基本知识

第三章　岗位知识

第一节　常用测量仪器的使用

第二节　建筑定位放线、地形图测绘及控制测量

第三节　地籍及建筑基线测绘的基本技能

第四节　市政公用工程、道桥工程测量

第五节　工程竣工图的测绘

第六节　地籍测量基本技能

第七节　工业建筑测量基本技能

第八节　工程定位、房屋施工放线记录及变形观测基本技能

第四章 专业技能

第一节 工程实践中测量仪器的使用

第二节 建筑工程测量技能

第三节　市政公用工程测量技能

第四节　建筑物变形观测

第五节　基础工程与设备安装工程测量技能

第一章 通用知识

第一节 相关的法律法规知识

1. 从事建筑活动的施工企业应具备哪些条件？从事建筑活动的施工企业从业的基本要求是什么？

答：（1）从事建筑活动的施工企业应具备以下条件：

1）具有符合规定的注册资本；

2）有与其从事建筑活动相适应的具有法定执业资格的专业技术人员；

3）有从事相关建筑活动所应有的技术装备；

4）法律、行政法规规定的其他条件。

（2）从事建筑活动的施工企业应满足下列要求：从事建筑活动的施工企业，按照其拥有的注册资本、专业技术人员、技术装备和已完成的建筑工程业绩等资质条件，划分为不同的资质等级，经资质审查合格，取得相应等级的资质证书后，方可在其资质等级许可的范围内从事建筑活动。

2. 建筑工程安全生产管理必须坚持的方针和制度各是什么？建筑施工企业怎样采取措施确保施工工程的安全？

答：根据《中华人民共和国建筑法》的规定，建筑工程安全生产管理必须坚持安全第一、预防为主的方针，必须建立、健全安全生产的责任制和群防群治制度。

建筑施工企业在编制施工组织设计时，应当根据建筑工程的特点制定相应的安全技术措施；对专业性较强的工程建设项目，应当编制专项安全施工组织设计，并采取安全技术措施。

建筑施工企业应当在施工现场采取维护安全、防范危险、预防火灾等措施；有条件的，应当对施工现场进行封闭管理。

施工现场对毗邻的建筑物、构筑物和特殊作用环境可能造成损害的，应当采取安全防护措施。

3. 建筑施工企业怎样采取措施保证施工工程的质量符合国家规范和工程的要求?

答：严格执行《建筑法》和《建设工程质量管理条例》中对工程质量的相关规定和要求，采取相应措施确保工程质量。做到在资质等级许可的范围内承揽工程；不转包或者违法分包工程。建立质量责任制，确定工程项目的项目经理、技术负责人和施工管理负责人。实行总承包的建设工程由总承包单位对全部建设工程质量负责，分包单位按照分包合同的约定对其分包工程的质量负责。做到照图纸和技术标准施工；做到不擅自修改工程设计，不偷工减料；对施工过程中出现的质量问题或竣工验收不合格的工程项目，负责返修。准确全面理解工程项目相关设计规范和施工验收规范的规定、地方和行业法规和标准的规定；施工过程中完善工序管理，实行事先、事中管理，尽量减少事后管理，避免和杜绝返工，加强隐蔽工程验收，杜绝质量事故隐患；加强交底工作，督促作业人员工作目标明确、责任和义务清楚；对关键和特殊工艺、技术和工序要做好培训和上岗管理；对影响质量的技术和工艺要采取有效措施进行把关。建立健全企业内部质量管理体系，施工单位必须建立、健全施工质量的检验制度，严格工序管理，做好隐蔽工程的质量检查和记录；在实施中做到使施工质量不低于上述规范、规程和标准的规定；按照保修书约定的工程保修范围、保修期限和保修责任等履行保修责任，确保工程质量在合同规定的期限内满足工程建设单位的使用要求。

4.《安全生产法》对施工生产企业安全生产管理人员的配备有哪些要求？为什么施工企业应对从业人员进行安全生产教育和培训？安全生产教育和培训包括哪些方面的内容？

答：(1) 对施工生产企业安全生产管理人员配备的要求

建筑施工单位应当设置安全生产管理机构或者配备专职安全生产管理人员。从业人员超过300人的，应当设置安全生产管理机构或者配备专职安全生产管理人员；从业人员在300人以下的，应当配备专职或者兼职的安全生产管理人员，或者委托具有国家规定的相关专业技术资格的工程技术人员提供安全生产管理服务。建筑施工单位依照前述规定委托工程技术人员提供安全生产管理服务的，保证安全生产的责任仍由本单位负责。施工单位的主要负责人和安全生产管理人员必须具备与本单位所从事的生产经营活动相应的安全生产知识和管理能力。建筑施工单位的主要负责人和安全生产管理人员，应当由有关主管部门对其安全生产知识和管理能力考核合格后方可任职。

(2) 施工单位对从业人员进行安全生产教育和培训

施工单位对从业人员进行安全生产教育和培训是为了保证从业人员具备必要的安全生产知识，能够熟悉有关的安全生产规章制度和安全操作规程，更好地掌握本岗位的安全操作技能。同时为了确保施工质量和安全生产，规定未经安全生产教育和培训合格的从业人员，不得上岗作业。

安全生产教育和培训包括日常安全生产常识的培训，包括安全用电、安全用气、安全使用施工机具车辆、多层和高层建筑高空作业安全培训、冬期防火培训、雨期防洪防雹培训、人身安全培训、环境安全培训等；在施工活动中采用新工艺、新技术、新材料或者使用新设备时，为了让从业人员了解、掌握其安全技术特性，并采取有效的安全防护措施，应对从业人员进行专门的安全生产教育和培训。施工中有特种作业时，对特种作业人员必须按照国家有关规定经专门的安全作业培训，在其取得特种作业操作资格证书后，方可允许上岗作业。

5. 建筑工程施工从业人员劳动合同安全的权利和义务各有哪些？

答：《中华人民共和国安全生产法》明确规定：施工单位与从业人员订立的劳动合同，应当载明有关保障从业人员劳动安全、防止职业危害的事项，以及依法为从业人员办理工伤社会保险的事项。施工单位不得以任何形式与从业人员订立协议，免除或者减轻其对从业人员因生产安全事故伤亡依法应承担的责任。施工单位的从业人员有权了解其作业场所和工作岗位存在的危险因素、防范措施及事故应急措施，有权对本单位的安全生产工作提出建议。从业人员有权对本单位安全生产工作中存在的问题提出批评、检举、控告；有权拒绝违章指挥和强令冒险作业。施工单位不得因从业人员对本单位安全生产工作提出批评、检举、控告或者拒绝违章指挥、强令冒险作业而降低其工资、福利等待遇或者解除与其订立的劳动合同。从业人员发现直接危及人身安全的紧急情况时，有权停止作业或者在采取可能的应急措施后撤离作业场所。

施工单位不得因从业人员在前述紧急情况下停止作业或者采取紧急撤离措施而降低其工资、福利等待遇或者解除与其订立的劳动合同。因生产安全事故受到损害的从业人员，除依法享有工伤社会保险外，依照有关民事法律尚有获得赔偿权利的，有权向本单位提出赔偿要求。从业人员在作业过程中，应当严格遵守本单位的安全生产规章制度和操作规程，服从管理，正确佩戴和使用劳动防护用品。从业人员应当接受安全生产教育和培训，掌握本职工作所需的安全生产知识，提高安全生产技能，增强事故预防和应急处理能力。从业人员发现事故隐患或者其他不安全因素，应当立即向现场安全生产管理人员或者本单位负责人报告；接到报告的人员应当及时予以处理。

6.《安全生产法》对建设项目安全设施和设备作了什么规定？

答：建设项目安全设施的设计人、设计单位应当对安全设施设计负责。矿山建设项目和用于生产、储存危险物品的建设项目的安全设施设计应当按照国家有关规定报经有关部门审查，审查部门及其负责审查的人员对审查结果负责。

矿山建设项目和用于生产、储存危险物品的建设项目的施工单位必须按照批准的安全设施设计施工，并对安全设施的工程质量负责。矿山建设项目和用于生产、储存危险物品的建设项目竣工投入生产或者使用前，必须依照有关法律、行政法规的规定对安全设施进行验收；验收合格后，方可投入生产和使用。验收部门及其验收人员对验收结果负责。施工和经营单位应当在有较大危险因素的生产经营场所和有关设施、设备上，设置明显的安全警示标志。安全设备的设计、制造、安装、使用、检测、维修、改造和报废，应当符合国家标准或者行业标准。生产经营单位必须对安全设备进行经常性维护、保养，并定期检测，保证正常运转。维护、保养、检测应当做好记录，并由有关人员签字。

施工单位使用的涉及生命安全、危险性较大的特种设备，以及危险物品的容器、运输工具，必须按照国家有关规定，由专业生产单位生产，并经取得专业资质的检测、检验机构检测、检验合格，取得安全使用证或者安全标志，方可投入使用。检测、检验机构对检测、检验结果负责。国家对严重危及生产安全的工艺、设备实行淘汰制度。

7. 什么是劳动合同？劳动合同的形式有哪些？怎样订立和变更劳动合同？无效劳动合同的构成条件有哪些？怎样解除劳动合同？

答：(1) 劳动合同

为了确定调整劳动者各主体之间的关系，明确劳动合同双方当事人的权利和义务，确保劳动者的合法权益，构建和发展和谐稳定的劳动关系，依据相关法律、法规、用人单位和劳动者双方的意愿等所签订的确定契约称为劳动合同。

（2）劳动合同的形式

劳动合同分为固定期限劳动合同、无固定期限劳动合同和以完成一定工作任务为期限的劳动合同等。固定期限劳动合同，是指用人单位与劳动者约定终止时间的劳动合同。用人单位与劳动者协商一致，可以订立固定期限劳动合同。无固定期限劳动合同，是指用人单位与劳动者约定无确定终止时间的劳动合同。以完成一定工作任务为期限的劳动合同是指用人单位与劳动者约定以某项工作的完成为合同期限的劳动合同。

（3）劳动合同的订立和变更

用人单位与劳动者协商一致，并经用人单位与劳动者在劳动合同文本上签字或者盖章后生效。用人单位与劳动者协商一致，可以变更劳动合同约定的内容，变更劳动合同应当采用书面的形式。订立的劳动合同和变更后的劳动合同文本由用人单位和劳动者各执一份。

（4）无效劳动合同

无效劳动合同，是指当事人签订成立的而国家不予承认其法律效力的合同。劳动合同无效或者部分无效的情形有：

1）以欺诈、胁迫手段或者乘人之危，使对方在违背真实意思的情况下订立或者变更劳动合同的；

2）用人单位免除自己的法定责任、排除劳动者权利的；

3）违反法律、行政法规强制性规定的。对于合同无效或部分无效有争议的，由劳动仲裁机构或者人民法院确定。

（5）劳动合同的解除

有下列情形之一者，依照劳动合同法规定的条件、程序，劳动者可以与用人单位解除劳动合同关系：

1）用人单位与劳动者协商一致的；

2）劳动者提前30日以书面形式通知用人单位的；

3）劳动者在使用期内提前 3 日通知用人单位的；

4）用人单位未按照劳动合同约定提供劳动保护或者劳动条件的；

5）用人单位未及时足额支付劳动报酬的；

6）用人单位未依法为劳动者缴纳社会保险的；

7）用人单位的规章制度违反法律、法规的规定，损害劳动者利益的；

8）用人单位以欺诈、胁迫手段或者乘人之危，使劳动者在违背真实意思的情况下订立或变更劳动合同的；

9）用人单位在劳动合同中免除自己的法定责任、排除劳动者权利的；

10）用人单位违反法律、行政法规强制性规定的；

11）用人单位以暴力威胁或者非法限制人身自由的手段强迫劳动者劳动的；

12）用人单位违章指挥、强令冒险作业危及劳动者人身安全的；

13）法律行政法规规定劳动者可以解除劳动合同的其他情形。

有下列情形之一者，依照劳动合同法规定的条件、程序，用人单位可以与劳动者解除劳动合同关系：

1）用人单位与劳动者协商一致的；

2）劳动者在使用期间被证明不符合录用条件的；

3）劳动者严重违反用人单位的规章制度的；

4）劳动者严重失职，营私舞弊，给用人单位造成重大伤害的；

5）劳动者与其他单位建立劳动关系，对完成本单位的工作任务造成严重影响，或者经用人单位提出，拒不改正的；

6）劳动者以欺诈、胁迫手段或者乘人之危，使用人单位在违背真实意思的情况下订立或变更劳动合同的；

7）劳动者被依法追究刑事责任的；

8）劳动者患病或者因工负伤不能从事原工作，也不能从事由用人单位另行安排的工作的；

9）劳动者不能胜任工作，经培训或者调整工作岗位，仍不能胜任工作的；

10）劳动合同订立所依据的客观情况发生重大变化，致使劳动合同无法履行，经用人单位与劳动者协商，未能就变更劳动合同内容达成协议的；

11）用人单位依照企业破产法规定进行重整的；

12）用人单位生产经营发生严重困难的；

13）企业转产、重大技术革新或者经营方式调整，经变更劳动合同后，仍需裁减人员的；

14）其他因劳动合同订立时所依据的客观经济情况发生重大变化，致使劳动合同无法履行的。

8.《劳动法》对劳动卫生作了哪些规定?

答：用人单位必须建立、健全劳动安全卫生制度，严格执行国家劳动安全卫生规程和标准，对劳动者进行劳动安全卫生教育，防止劳动过程中发生事故，减少职业危害。劳动安全卫生设施必须符合国家规定的标准。新建、改建、扩建工程的劳动安全卫生设施必须与主体工程同时设计、同时施工、同时投入生产和使用。用人单位必须为劳动者提供符合国家规定的劳动安全卫生条件和必要的劳动防护用品，对从事有职业危害作业的劳动者应当定期进行健康检查。

9. 测量员的职责有哪些?

答：测量员的职责包括如下几个方面：

（1）紧密配合施工，坚持实事求是、认真负责的工作作风。

（2）测量前需了解设计意图，学习和校核图纸；了解施工部署，制定测量放线方案。

（3）会同建设单位一起对红线桩测量控制点进行实地校测。

（4）测量仪器的核定、校正。

（5）与设计、施工等方面密切配合，并事先做好充分的准备工作，制定切实可行的与施工同步的测量放线方案。

（6）须在整个施工过程的各个阶段和各主要部位做好放线、验线工作，并要在审查测量放线方案和指导检查测量放线等方面加强工作，避免返工。

（7）验线工作要主动。验线工作要从审核测量放线方案开始，在各主要阶段施工前，对测量放线工作提出预防性要求，真正做到防患于未然。

（8）准确地测设标高。

（9）负责垂直观测、沉降观测，并记录整理观测结果（数据和曲线图表）。

（10）负责及时整理完善基线复核、测量记录等测量资料。

10. 测量员应具备哪些专业技能？

答：测量员应具备以下专业技能：

（1）需了解设计意图，学习和校核图纸，了解施工部署，制定测量放线方案。

（2）会同建设单位一起对红线桩测量控制点进行实地校测。

（3）与设计、施工等方面密切配合，并事先做好充分的准备工作，制定切实可行的与施工同步的测量放线方案。

（4）须在整个施工过程的各个阶段和各主要部位做好放线、验线工作，并要在审查测量放线方案和指导检查测量放线等方面加强工作，避免返工。

（5）验线工作要主动。验线工作要从审核测量放线方案开始，在各主要阶段施工前，对测量放线工作提出预防性要求，真正做到防患于未然。

（6）负责垂直观测、沉降观测，并记录整理观测结果（数据和曲线图表）。

（7）负责及时整理完善基线复核、测量记录等测量资料。

11. 测量员应具备的专业知识包括哪些方面？

答：测量员学习内容如下：

（1）测量员基础知识：建筑结构、建筑力学、建筑材料、建筑识图构造、建筑施工组织设计基础。

（2）测量员专业知识：水准测量、角度测量、距离测量、直线定向、测量误差基本知识、小区控制测量、大比例尺地形图的测绘和应用、施工测量、竣工测量、建筑物变形观测。

12. 工程测量的一般安全要求包括哪些内容？

答：工程测量的一般安全要求包括如下内容：

（1）进入施工现场的作业人员，必须首先参加安全教育培训，考试合格后方可上岗作业，未经考试或培训不合格者，不得上岗作业。

（2）不满 18 周岁的未成年工，不得上岗作业。

（3）作业人员服从领导和安全检查人员的指挥，工作时思想集中，坚守作业岗位，未经许可，不得从事非本工种作业，严禁酒后作业。

（4）测量负责人每日上班前，必须集中本项目部全体人员，针对当天任务，结合安全技术措施和作业环境、设施、设备安全状况及本项目部人员技术素质，安全知识，自我保护意识和思想状态，有针对性地进行班前活动，提出具体注意事项，跟踪落实，并做好活动记录。

（5）六级以上强风和下雨、下雪天气，应停止露天测量作业。

（6）作业中出现险情时，必须立即停止作业，组织撤离危险区域，报告领导解决，不准冒险作业。

（7）在道路上进行导线测量、水准测量等作业，要注意来往车辆，防止发生交通事故。

第二节　工程材料的基本知识

1. 无机胶凝材料是怎样分类的？它们的特性各有哪些？

答：(1) 胶凝材料及其分类

胶凝材料就是把块状、颗粒状或纤维状材料粘结为整体的材料。无机胶凝材料也称为矿物胶凝材料，其主要成分是无机化合物，如水泥、石膏、石灰等均属于无机胶凝材料。

(2) 胶凝材料的特性

根据硬化条件的不同，无机胶凝材料分为气硬性胶凝材料（如石灰、石膏、水玻璃）和水硬性胶凝材料（如水泥）两类。气硬性胶凝材料只能在空气中凝结、硬化、保持和发展强度，通常适用于干燥环境，在潮湿环境和水中不能使用。水硬性胶凝材料既能在空气中硬化，也能在水中凝结、硬化、保持和发展强度，既适用于干燥环境，也适用于潮湿环境和水中。

2. 水泥怎样分类？通用水泥分哪几个品种？它们各自的主要技术性能有哪些？

答：(1) 水泥及其品种分类

水泥是一种加水拌合成塑性浆体，通过水化逐渐固结、硬化，能够胶结砂、石等固体材料，并能在空气和水中硬化的粉状水硬性胶凝材料。水泥的品种可按以下两种方法分类。

1）按矿物组成分类。可分为硅酸盐水泥、铝酸盐水泥、硫铝酸盐水泥、氟铝酸盐水泥、铁铝酸盐水泥，以及少熟料或无熟料水泥等。

2）按其用途和性能可分为通用水泥、专用水泥和特种水泥三大类。

(2) 通用水泥的品种

用于一般建筑工程的水泥为通用水泥，包括硅酸盐水泥、普通硅酸盐水泥、矿渣硅酸盐水泥、火山灰质硅酸盐水泥、粉煤灰硅酸盐水泥、复合硅酸盐水泥等。

(3) 建筑工程常用水泥的主要技术性能

建筑工程常用水泥的主要技术性能包括细度、标准稠度及其用水量、凝结时间、体积安定性、水泥强度、水化热等。

1) 细度。细度是指水泥颗粒总体的粗细程度。它是影响水泥需水量、凝结时间、强度和安定性能的重要指标。颗粒越细，与水反应的表面积就越大，水化反应的速度就越快，水泥石的早期强度就越高，但硬化体的收缩也愈大，且水泥储运过程中易受潮而降低活性。因此，水泥的细度应适当。

2) 标准稠度及其用水量。在测定水泥凝结时间、体积安定性等性能时，为使所测结果有准确的可比性，规定在试验时所用的水泥净浆必须按《水泥标准稠度用水量、凝结时间、安定性检验方法》GB/T 1346 的规定以标准方法测试，并达到统一规定的浆体可塑性（标准稠度）。水泥净浆体标准稠度用水量，是指拌制水泥净浆时为达到标准稠度所需的加水量，它以水与水泥质量之比的百分数表示。

3) 凝结时间。水泥从加水开始到失去流动性所需的时间称为凝结时间，分为初凝时间和终凝时间。初凝时间为水泥从加水拌合起到水泥浆开始失去可塑性所需的时间；终凝时间是指水泥从加水拌合起到水泥浆完全失去可塑性，并开始产生强度所需要的时间。水泥的凝结时间对施工具有较大的意义。初凝时间过短，施工时没有足够的时间完成混凝土或砂浆的搅拌、运输、浇捣和砌筑等操作；水泥的终凝时间过迟，则会拖延施工工期。国家标准规定硅酸盐水泥的初凝时间不得早于 45min，终凝时间不得迟于 6.5h，其他品种通用水泥初凝时间都是 45min，但终凝时间为 10h。

4) 体积安定性。它是指水泥浆体硬化后体积变化的稳定性。安定性不良的水泥，在浆体硬化过程中或硬化后产生不均匀体积膨胀，并引起开裂。水泥安定性不良的主要因素是熟料中含有过量的游离氧化钙、游离氧化镁或研磨时掺入的石膏过多。国家标准规定水泥熟料中游离氧化镁的含量不得超过5.0%，三氧化硫的含量不得超过3.5%，体积安定性不合格的水泥为废品，不能用于工程。

5）水泥强度。水泥强度与水泥的矿物组成、水泥细度、水灰比大小、水化龄期和环境温度等密切相关。水泥强度按国家标准《水泥胶砂强度检验方法》GB/T 17671的规定制作试块、养护并测定其抗压强度和抗折强度值，并据此评定水泥的强度等级。

6）水化热。水泥水化放出的热量多少以及放热速度，主要取决于水泥矿物组成和细度。熟料中矿物质铝酸三钙和硅酸三钙含量越高，颗粒越细，则水化热越大。水化热越大对冬期施工越有利，但对大体积混凝土工程是有害的。为了避免温度应力引起水泥石开裂，在大体积混凝土工程施工中，不宜采用硅酸盐水泥，而应采用水化热低的矿渣水泥等，水化热的测定可按国家标准规定的方法测定。

3. 普通混凝土是怎样分类的?

答：混凝土是以胶凝材料、粗细骨料及其他外掺材料按适当比例搅拌、成型、养护、硬化而成的人工石材。通常将以水泥、矿物掺合材料、粗细骨料、水和外加剂按一定比例配置而成的、干表观密度为2000～2800kg/m^3 的混凝土称为普通混凝土。普通混凝土的分类如下：

（1）按用途分。可分为结构混凝土、抗渗混凝土、抗冻混凝土、大体积混凝土、水工混凝土、耐热混凝土、耐酸混凝土、装饰混凝土等。

（2）按强度等级分。可分为普通混凝土，强度等级高于C60的高强度混凝土以及强度等级高于C100的超高强度混凝土。

（3）按施工工艺分。可分为喷射混凝土、泵送混凝土、碾压混凝土、压力灌浆混凝土、离心混凝土、真空脱水混凝土。

4. 混凝土拌合物的主要技术性能有哪些？

答：混凝土中各种组成材料按比例配合经搅拌形成的混合物称为混凝土拌合物，又称新拌混凝土。混凝土拌合物易于各工序的施工操作（搅拌、运输、浇筑、振捣、成型等），并获得质量稳定、整体均匀、成型密实的混凝土性能，称为混凝土拌合物的和易性。和易性是满足施工工艺要求的综合性质，包括流动性、黏聚性和保水性。

流动性是指混凝土拌合物在自重或机械振动作用下能够产生流动的性质。流动性的大小反映了混凝土拌合物的稀稠程度，流动性良好的拌合物，易于浇筑、振捣和成型。流动性是反映和易性的主要指标，流动性常用坍落度法测定，坍落度数值越大，表明混凝土拌合物流动性越大，根据坍落度值的大小，可以将混凝土分为四级：大流动性混凝土（坍落度大于160mm）、流动性混凝土（坍落度100～150mm）、塑性混凝土（坍落度10～90mm）和干硬性混凝土（坍落度小于10mm）。

黏聚性是指混凝土组成材料间具有一定的凝聚力，在施工过程中混凝土能够保持整体均匀的性能。黏聚性反映了混凝土拌合物的均匀性，黏聚性良好的拌合物易于施工操作，不会产生分层和离析的现象。黏聚性差时，会造成混凝土质地不均匀，振捣后易出现蜂窝、空洞等现象。

保水性是指混凝土拌合物在施工过程中具有一定的保持内部水分而抵抗泌水的能力。保水性反映了混凝土拌合物的稳定性。保水性差的混凝土拌合物在混凝土内形成通水通道，影响混凝土的密实性，并降低混凝土的强度和耐久性。

5. 混凝土的耐久性包括哪些内容？

答：混凝土抵抗自身因素和环境因素的长期破坏，保持其原有性能的能力，称为耐久性。混凝土的耐久性主要包括抗渗性、抗冻性、抗腐蚀性、抗碳化、抗碱—骨料反应等方面。

（1）抗渗性

混凝土抵抗压力液体（水或油）等渗透的能力称为抗渗性。混凝土抗渗性用抗渗等级表示。抗渗等级是以28d龄期的标准试件，用标准方法进行试验，以每组六个试件，四个试件出现渗水时，所能承受的最大静压力（单位为MPa）来确定。混凝土的抗渗等级用代号P表示，分为P4、P6、P8、P10、P12和＞P12六个等级。P4表示混凝土抵抗0.4MPa的液体压力而不渗透。

（2）抗冻性

混凝土在吸水饱和状态下，抵抗多次反复冻融循环而不破坏，同时也不严重降低其各种性能的能力，称为抗冻性。混凝土抗冻性用抗冻等级表示。抗冻等级是以28d龄期的标准试件，在浸水饱和状态下，进行冻融循环试验，以抗压强度损失不超过25%，同时，质量损失不超过5%时，所承受的最大冻融循环次数来确定。混凝土的抗冻等级用F表示，分为F50、F100、F150、F200、F250、F300、F350、F400和＞F400九个等级。F200表示混凝土在抗压强度损失不超过25%，质量损失不超过5%时，所能承受的最大冻融循环次数为200。

（3）抗腐蚀性

混凝土在外界各种侵蚀介质作用下，抵抗破坏的能力，称为混凝土的抗腐蚀性。当工程所处环境存在侵蚀性介质时，对混凝土必须提出耐腐蚀性要求。

6. 轻混凝土的特性有哪些？用途是什么？

答：轻混凝土是指干表观密度小于2000kg/m³的混凝土，包括轻骨料混凝土、多孔混凝土和大孔混凝土。

用轻粗骨料（堆积密度小于1000kg/m³）和轻细骨料（堆积密度小于1200kg/m³）或者普通砂与水泥拌制而成的混凝土，其表观密度不大于1950kg/m³，称为轻骨料混凝土。分为由轻粗骨料和轻细骨料组成的全轻混凝土及细骨料为普通砂和轻粗骨料的砂轻混凝土。

轻骨料混凝土可以用浮石、陶粒、煤渣、膨胀珍珠岩等轻骨料制成。多孔混凝土以水泥、混合料、水及适量的发泡剂（铝粉等）或泡沫剂为原料制成，是一种内部均匀分布细小气孔而无骨料的混凝土。大孔混凝土是以粒径相似的粗骨料、水泥、水配制而成，有时加入外加剂。

轻混凝土的主要特性包括：表观密度小；保温性能好；耐火性能好；力学性能好；易于加工等。轻混凝土主要用于非承重墙的墙体及保温隔声材料。轻骨料混凝土还可以用于承重结构，以达到减轻自重的目的。

7. 高性能混凝土的特性有哪些？用途是什么？

答：高性能混凝土是指具有高耐久性和良好的工作性能，早期强度高而后期强度不倒缩，体积稳定性好的混凝土。它的特征包括：具有一定的强度和高抗渗能力；具有良好的工作性能；耐久性好；具有较高的体积稳定性。

高性能混凝土是普通水泥混凝土的发展方向之一，它被广泛用于桥梁、高层建筑、工业厂房结构、港口及海洋工程、水工结构等工程中。

8. 预拌混凝土的特性有哪些？用途是什么？

答：预拌混凝土也称为商品混凝土，是指由水泥、骨料、水以及根据需要掺入的外加剂、矿物掺合料等组分按一定的比例，在搅拌站经计量、拌制后出售的并采用运输车，在规定时间内运至使用地点的混凝土拌合物。

预拌混凝土设备利用率高，计量准确、产品质量高、材料消耗少，工效高、成本较低，又能改善劳动条件，减少环境污染。

9. 砂浆分为哪几类？它们各自的特性有哪些？砌筑砂浆组成材料及其主要技术要求包括哪些内容？

答：砂浆是由胶凝材料水泥和石灰、细骨料砂子加水拌合而成的，特殊情况下根据需要掺入塑性掺合料和外加剂，按照一定的比例混合后搅拌而成。砂浆的作用是将砌体中的块材粘结成整体共同工作；同时，砂浆平整地填充在块材表面能使块材和整个砌体受力均匀；由于砌体填满块材间的缝隙，同时也提高了砌体的隔热、保温、隔声、防潮和防冻性能。

（1）水泥砂浆

水泥砂浆是指不掺加任何其他塑性掺合料的纯水泥砂浆。其强度高、耐久性好，适用于强度要求较高、潮湿环境的砌体。但和易性及保水性差，在强度等级相同的情况下，用同样块材砌筑而成的砌体强度比砂浆流动性好的混合砂浆砌筑的砌体要低。

（2）混合砂浆

混合砂浆是指在水泥砂浆的基本组成成分中加入塑性掺合料（石灰膏、黏土膏）拌制而成的砂浆。其强度较高、耐久性较好、和易性和保水性好，施工灰缝容易做到饱满平整，便于施工。一般墙体多用混合砂浆，在潮湿环境不适宜用混合砂浆。

（3）非水泥砂浆

它是不含水泥的石灰砂浆、黏土砂浆、石膏砂浆的统称。其强度低、耐久性差，通常用于地上简易的建筑。

砌筑砂浆的技术性质主要包括新拌砂浆的密度、和易性、硬化砂浆强度和对基面的粘结力、抗冻性、收缩值等指标。其中强度和和易性是新拌砂浆两个重要技术指标。

新拌砂浆的和易性是指砂浆易于施工并能保证质量的综合性质。和易性好的砂浆不仅在运输施工过程中不易产生分离、离析、泌水现象，而且能在粗糙的砖、石表面铺成均匀的薄层，与基层保持良好的粘结，便于施工操作。和易性包括流动性和保水性两个方面。流动性是指砂浆在重力和外力作用下产生流动的性能。通常用砂浆稠度仪测定。砂浆的保水性是指新拌砂浆能够保持内部水分不泌出流失的能力。砂浆的保水性用保水率（%）表示。

新拌砂浆的强度以3个70.7mm×70.7mm×70.7mm的立方体试块，在标准状况下养护28d，用标准方法测得的抗压强度(MPa)算术平均值来评定。砂浆强度等级分为M5、M7.5、M10、M15、M20、M25、M30七个等级。

10. 砌筑用石材怎样分类？它们各自在什么情况下应用？

答：承重结构中常用的石材应选用无明显风化的天然石材，常用的有重力密度大的花岗岩、石灰岩、砂岩及轻质天然石。重力密度大的重质天然石材强度高、耐久性和抗冻性能好。一般用于石材生产区的基础砌体或挡土墙中，也可用于砌筑承重墙，但其热阻小、导热系数大，不宜用于北方需要采暖地区。

石材按其加工后的外形规整程度可分为料石和毛石。料石多用于墙体，毛石多用于地下结构和基础。

料石按加工粗细程度不同分为细料石、半细料石、粗料石和毛料石4种。料石截面高度和宽度尺寸不宜小于200mm，且不宜小于长度的1/4。毛石外形不规整，但要求中部厚度不应小于200mm。

石材的强度通常用3个70mm×70mm×70mm的立方体试块抗压强度的平均值确定。石材抗压强度等级有MU100、MU80、MU60、MU50、MU40、MU30和MU20七个等级。

11. 砖分为哪几类？它们各自的主要技术要求有哪些？工程中怎样选择砖？

答：块材是组成砌体的主要部分，砌体的强度主要来自于砌块。现阶段工程结构中常用的块材有砖、砌体和各种石材。

(1) 烧结普通砖

烧结普通砖是以煤矸石、页岩、粉煤灰或黏土为主要原料，经过焙烧而成的实心砖。分烧结煤矸石砖、烧结页岩砖、烧结粉煤灰砖、烧结黏土砖等。实心黏土砖是我国砌体结构中最主要的和最常见的块材，其生产工艺简单、砌筑时便于操作、强度较高、价格较低廉，所以使用量很大。但是由于生产黏土砖消耗黏土的量大、毁坏农田与农业征地的矛盾突出，焙烧时造成的大气污染等对国家可持续发展构成负面影响，除在广大农村和城镇大量使用以外，大中城市已不允许建设隔热保温性能差的实心砖砌体房屋。

1）烧结黏土砖

烧结黏土砖的尺寸为240mm×115mm×53mm。为符合砖的规格，砖砌体的厚度为 240mm、370mm、490mm、620mm、740mm 等。

2）黏土空心砖

烧结多孔砖是以煤矸石、页岩、粉煤灰或黏土为主要原料，经过焙烧而成，空洞率不大于 35%，孔的尺寸小而数量多，主要用于承重部位的砖。

砖的强度等级是根据标准试验方法（半砖叠砌）测得的破坏时的抗压强度确定，同时考虑到这类砖的厚度较小，在砌体中受弯、受剪后易折断，《规范》同时规定某种强度的砖同时还要满足对应的抗折强度要求。《砌体结构设计规范》GB 50003—2011规定，普通黏土砖和黏土空心砖的强度共有 MU30、MU25、MU20、MU15、MU10 五个等级。

（2）非烧结硅酸盐砖

这类砖是以硅酸盐类材料或工业废料粉煤灰为主要原料生产的，具有节省黏土、不损毁农田、有利于工业废料再利用、减少工业废料对环境污染的作用，同时可取代黏土砖生产，从而可有效降低黏土砖生产过程中环境污染问题，符合环保、节能和可持续发展的思路。这类砖常用的有蒸压灰砂普通砖、蒸压粉煤灰普通砖。

1）蒸压灰砂普通砖。它是以石灰等钙质材料和砂等硅质材料为主要原料，经坯料制备、压制排气成型、高压蒸汽养护而成的实心砖。

2）蒸压粉煤灰普通砖。它是以石灰、消石灰（如电石渣）

或水泥等钙质材料和粉煤灰等硅质材料（砂等）为主要原料，掺加适量石膏，经坯料制备、压制排气成型、高压蒸汽养护而成的实心砖。

蒸压灰砂普通砖和蒸压粉煤灰普通砖的规格尺寸与实心黏土砖相同，基本能满足一般建筑的使用要求，但这类砖强度较低、耐久性稍差，在多层建筑中不用为宜。在高温环境下也不具备良好的工作性能，不宜用这类砖砌筑壁炉和烟囱。由于蒸压灰砂普通砖和蒸压粉煤灰普通砖自重小，用作框架和框架剪力墙结构的填充墙不失为较好的墙体材料。

蒸压灰砂普通砖的强度等级与烧结普通砖一样，由抗压强度和抗折强度综合评定。在确定蒸压粉煤灰普通砖强度等级时，要考虑自然碳化影响，对试验室实测的值要除以碳化系数1.15。《砌体结构设计规范》GB 50003 规定，蒸压灰砂普通砖和蒸压粉煤灰普通砖的强度等级分为 MU25、MU20、MU15 三个等级。

（3）混凝土砖

它是以水泥为胶凝材料，以砂、石为主要集料，加水搅拌、成型、养护制成的一种多孔的混凝土半盲孔砖或实心砖。多孔砖的主要规格尺寸为 240mm×150mm×90mm、240mm×190mm×90mm、190mm×190mm×90mm 等；实心砖的主要规格尺寸为 240mm×115mm×53mm、240mm×115mm×90mm 等。

12. 工程中最常用的砌块是哪一类？它的主要技术要求有哪些？它的强度分几个等级？

答：工程中最常用的砌块是混凝土小型空心砌块。由普通混凝土或轻集料混凝土制成，主要规格尺寸为 390mm×190mm×190mm、空心率为 25%～50%的空心砌块，简称为混凝土砌块或砌块。

砌块体积可达标准砖的 60 倍，因为其尺寸大才称为砌块。砌体结构中常用的砌块为混凝土砌块，它的原料为普通混凝土或轻骨料混凝土。混凝土空心砌块尺寸大、砌筑效率高，同样体积的砌体可减少砌筑次数，降低劳动强度。砌块分为实心砌块和空心砌块两类，空心砌块的空洞率在25%～50%之间。通常，把高度小于380mm的砌块称为小型砌块，高度为380～900mm的称为中型砌块。

混凝土砌块的强度等级是根据单块受压毛截面积试验时的破坏荷载折算到毛截面积上后确定的。其强度等级分为MU20、MU15、MU10、MU7.5和MU5五个等级。

13. 钢筋混凝土结构用钢材有哪些种类？

答：现行《混凝土结构设计规范》GB 50010规定：增加了强度为500MPa级的热轧带肋钢筋；推广400MPa、500MPa级热轧带肋高强度钢筋作为纵向受力的主导钢筋，限制并逐步淘汰335MPa级热轧带肋钢筋的应用；用300MPa级光圆钢筋取代235MPa级光圆钢筋。推广具有较好延性、可焊性、机械连接性能及施工适应性的HRB系列普通钢筋。引入用控温轧制工艺生产的HRBF系列细晶粒带肋钢筋。RRB系列余热处理钢筋由轧制钢筋经高温淬水，余热处理后提高强度。其延性、可焊性、机械连接性能及施工适应性降低，一般可用于对变形性能及进攻性能要求不高的构件中，如基础、大体积混凝土、楼板、墙体以及次要的中小结构构件等。

混凝土结构和预应力混凝土结构中使用的钢筋如下：

（1）纵向受力普通钢筋宜采用HRB400、HRB500、HRBF400、HRBF500钢筋，也可采用HPB300、HRB335、HRBF335、RRB400钢筋。

（2）梁、柱纵向受力普通钢筋应采用HRB400、HRB500、HRBF400、HRBF500钢筋。

（3）箍筋宜采用HPB300、HRB400、HRBF400、HRB500、HRBF500钢筋，也可采用HRB335、HRBF335钢筋。

（4）预应力筋宜采用预应力钢丝、消除预应力钢丝、预应力螺纹钢筋。

14. 钢结构用钢材有哪些种类?

答：钢结构用钢材按组成成分分为碳素结构钢和低合金结构钢两大类。

钢结构用钢材按形状分为热轧型钢（如热轧角钢、热轧工字钢、热轧槽钢、热轧H型钢)、冷轧薄壁型钢、钢板等。

钢结构用钢材按强度等级可分为Q235、Q345、Q390、Q420和Q460钢等，每个钢种可按其性能不同细分为若干个等级。

15. 防水卷材分为哪些种类？它们各自的特性有哪些?

答：防水卷材是一种具有一定宽度和厚度的能够卷曲成卷状的带状定性防水材料。根据构成防水膜层的主要原料的不同，防水卷材可以分为沥青防水卷材、高聚物改性沥青防水卷材和合成高分子防水卷材三类。其中高聚物改性沥青防水卷材和合成高分子防水卷材综合性能优越，是国内大力推广使用的新型防水卷材。

（1）沥青防水卷材

沥青防水卷材是以原纸、织物、纤维毡、塑料膜等材料为胎基，浸涂石油沥青、矿物粉料或塑料膜为隔离材料制成的防水卷材。它包括石油沥青纸胎防水卷材、沥青玻璃纤维布油毡、沥青玻璃纤维胎油毡几种类型。

沥青防水卷材重量轻、价格低廉、防水性能良好、施工方便、能适应一定的温度变化和基层伸缩变形，故多年来在工业与民用建筑的防水工程中得到广泛的应用。

（2）高聚物改性沥青防水卷材

高聚物改性沥青防水卷材是以高分子聚合物改性石油沥青为涂盖层，聚酯毡、纤维毡或聚酯纤维复合材料为胎基，细砂、矿物粉料或塑料膜为隔离材料制成的防水卷材。高聚物改性沥青防水卷材包括 SBS 改性沥青防水卷材、APP 改性沥青防水卷材、铝箔塑胶改性沥青防水卷材。

高聚物改性沥青防水卷材具有使用年限长、技术性能好、冷施工、操作方便、污染性低等特点，克服了传统的沥青纸胎油毡低温柔性差、延伸率低、拉伸强度及耐久性比较差等缺点，通过改善其各项技术性能，有效提高了防水质量。

(3) 合成高分子防水卷材

合成高分子防水卷材以合成橡胶、合成树脂或两者共混为基料，加入适量的助剂和填料，经混炼压延或挤出等工序加工而成的防水卷材。

合成高分子防水卷材包括三元乙丙（EPDM）橡胶防水卷材、聚氯乙烯（PVC）防水卷材、聚氯乙烯—橡胶共混防水卷材等。

合成高分子防水卷材具有拉伸强度高、断裂伸长率大、抗撕裂强度高、耐热性能好、低温柔软性好、耐腐蚀、耐老化以及可以冷施工等一系列优异性能，是我国大力发展的新型高档防水卷材。

第三节　施工图绘制、识读的基本知识

1. 什么叫三视图？三视图的构成有哪些？

答：(1) 三视图

将物体放在三个投影面中，并分别向三个投影面进行投影，得到了物体的三面投影，也叫三视图。

(2) 三视图的构成

① 主视图。从物体的前方向后投影，在正立投影面上所得到的视图。

② 俯视图。从物体的上方向下投影，在水平投影面上所得到的视图。

③ 左视图。从物体的左方向右投影，在侧投影面上所得到

的视图。

如图 1-1 所示为支架三视图。

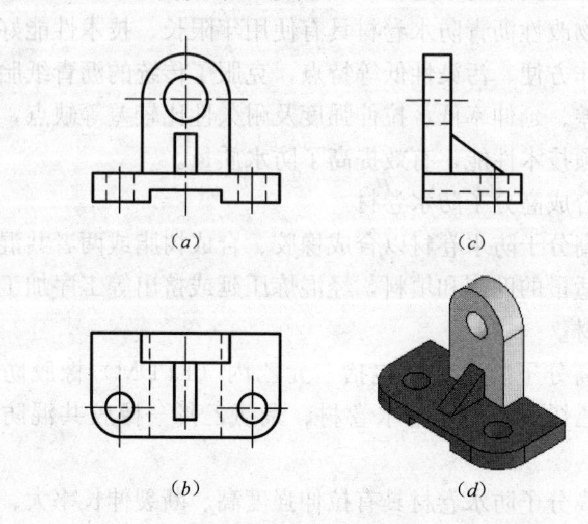

图 1-1 支架三视图

（a）主视图；（b）俯视图；（c）左视图；（d）支架

2. 三视图的投影规律是什么？

答：在形体的三视图中，主视图反映了物体的长度和高度；俯视图反映了物体的长度和宽度；左视图反映了物体的宽度和高度。三视图的投影规律如图 1-2 所示。归结起来三视图的投影规律为：主、俯视图长对正；主、左视图高平齐；俯、左视图宽相等。

不仅整个物体的三视图符合长对正、高平齐、宽相等的投影规律，而且物体上的每一组成部分的三个投影也要符合投影规律。同时，三个视图还反映了物体上、下、左、右、前、后六个方位。主视图反映了物体上、下、左、右的方位；俯视图反映了物体前、后、左、右的方位；左视图反映了物体上、下、前、后的方位。

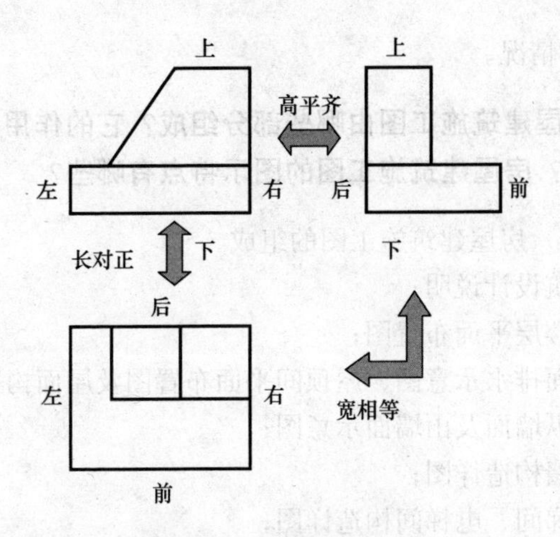

图 1-2　三视图投影规律

3. 怎样识读基本体的三视图?

答：(1) 主视图。反映了物体的前方的尺寸，主要是物体的高和长尺寸。识读主、俯视图时以长对正的原则去读图；识读主、左视图时以高平齐的原则去读图。对于主视图上局部尺寸变化和细部变化也应依据以上原则进行。

(2) 俯视图。反映的是在水平投影面上得到的视图，主要是物体的长和宽尺寸。读图时应结合主视图依据长对正的原则，结合左视图依据宽相等的原则进行。对于局部尺寸亦应如此。

(3) 左视图。反映从左侧面上看到的视图，主要是物体的高和宽尺寸。读图时应结合俯视图依据宽相等的原则，结合主视图依据高相等的原则进行。对于局部尺寸亦应如此。

4. 组合体的基本组合形式有哪三种?

答：(1) 组合体：由若干个基本几何体按一定的位置经过叠加或切割组成的物体。

(2) 组合体的组合形式有叠加、切割、综合三种情况。

(3) 各形体之间的表面连接关系又分为不共面、共面、相切和相交四种情况。

5. 房屋建筑施工图由哪些部分组成？它的作用包括哪些？房屋建筑施工图的图示特点有哪些？

答：(1) 房屋建筑施工图的组成

1) 建筑设计说明；

2) 各楼层平面布置图；

3) 屋面排水示意图、屋顶间平面布置图及屋面构造图；

4) 外纵墙面及山墙面示意图；

5) 内墙构造详图；

6) 楼梯间、电梯间构造详图；

7) 楼地面构造图；

8) 卫生间、盥洗室平面布置图，墙体及防水构造详图；

9) 消防系统图等。

(2) 房屋建筑施工图的作用

1) 确定建筑物在建设场地内的平面位置；

2) 确定各功能分区及其布置；

3) 为项目报批、项目招投标提供基础性参考依据；

4) 指导工程施工，为其他专业的施工提供前提和基础；

5) 是项目结算的重要依据；

6) 是项目后期维修保养的基础性参考依据。

(3) 房屋建筑施工图的图示特点

1) 直观性强；

2) 指导性强；

3) 生动美观；

4) 具体实用性强；

5) 内容丰富；

6) 指导性和统领性强；

7) 规范化和标准化程度高。

6. 建筑施工图和结构施工图的图示方法及内容各有哪些？

答：（1）建筑施工图的图示方法

1）文字说明；

2）平面图；

3）立面图；

4）剖面图，必要时加附透视图；

5）表列汇总等。

（2）建筑施工图的图示内容

1）房屋平面尺寸及其各功能分区的尺寸及面积；

2）各组成部分的详细构造要求；

3）各组成部分所用材料的限定；

4）建筑重要性分级及防火等级的确定；

5）协调结构、水、电、暖、卫和设备安装的有关规定等。

（3）结构施工图的图示方法

结构施工图是表示房屋承受各种作用的受力体系中各个构件之间相互关系、构件自身信息的设计文件，它包括下部结构的地基基础施工图，以及上部主体结构中承受作用的墙体、柱、板、梁或屋架等的施工图。

结构施工图包括结构设计说明、结构平面布置图以及构造详图，它们是结构图整体中联系紧密、相互补充、相互关联、相辅相成的三部分。

（4）结构施工图的图示内容

1）结构设计说明。结构设计说明是对结构设计文件全面、概括性的文字说明，包括结构设计依据，适用的规范、规程、标准图集等，结构重要性等级、抗震设防烈度、场地土的类别及工程特性、基础类型、结构类型、选用的主要工程材料、施工注意事项等。

2）结构平面布置图。结构平面布置图是表示房屋结构中各种结构构件总体平面布置的图样，包括以下三种：

① 基础平面图。基础平面图反映基础在建设场地上的布置，包括标高、基坑和桩孔尺寸、地下管沟的走向、坡度、出口，地基处理和基础细部设计，以及地基和上部结构的衔接关系等内容。如果是工业建筑还应包括设备基础图。

② 楼层结构布置图。包括底层、标准层结构布置图，主要内容包括各楼层结构构件的组成、连接关系、材料选型、配筋、构造做法，特殊情况下还有施工工艺及顺序等要求的说明等。对于工业厂房，还应包括纵向柱列、横向柱列的确定，吊车梁、连系梁，必要时设置的圈梁，柱间支撑，山墙抗风柱等的设置。

③ 屋顶结构布置图。包括屋面梁、板、挑檐、圈梁等的设置，材料选用，配筋及构造要求；工业建筑包括屋架、屋面板、屋面支撑系统、天沟板、天窗架、天窗屋面板、天窗支撑系统的选型、布置和细部构造要求。

3）构造详图。一般构造详图是和结构平面布置图一起绘制和编排的。主要反映基础、梁、板、柱楼梯、屋架、支撑等的细部构造做法和适用的材料，特殊情况下包括施工工艺和施工环境条件要求等内容。

7. 怎样识读砌体结构房屋建筑施工图、结构施工图？

答：(1) 建筑平面图的识读方法

识读建筑平面图首先必须熟记建筑图例（建筑图例可查阅国家标准《房屋建筑制图统一标准》GB/T 50001）。

1）看图名、比例。先从图名了解该平面图表达哪一层平面，比例是多少；从底层平面图中的指北针明确房屋朝向。

2）从大门开始，看房间名称，了解各房间的用途、数量及相互之间的组合情况。从该图可了解房间大门朝向、各功能房间的组合情况及具体位置等。

3）根据轴线定位置，识开间、进深等。

4）看图例，识细部，认门窗的代号。了解房屋其他细部的平面形状、大小和位置，如阳台、栏杆、卫生间的布置以及其他空间的利用情况。

5）看楼地面标高，了解各房间地面是否有高差。平面图中标注的楼地面标高为相对标高，且是完成面的标高。

6）看清内、外墙面构造装饰做法；同时弄懂屋面排水系统及地面排水系统的构造。

（2）结构施工图的识读方法

1）从基础图开始，了解地基与基础的结构设计及要求，包括地基土、基础及基础梁的结构设计要求、标高和细部构造等，了解地下管网的进口和出口位置、地下管沟的构造做法、坡度，以及管沟内需要预埋和设置的附属配件等，为编制地基基础施工方案、指导地基基础施工做好准备。

2）读懂首层结构平面布置图。弄清楚定位轴线与承重墙和非承重墙及其他构配件之间的关系，确定墙体和可能情况下所设置的柱确切位置，为编制首层结构施工方案和指导施工做好准备。弄清构造柱的设置位置、尺寸及配筋。

3）读懂标准层结构平面布置图。标准层是除首层和顶层之外的其他剩余楼层的通称，也是多层砌体房屋中占楼层最多的部分，一般说来，没有特殊情况，标准层的结构布置和房间布局各层相同，标准层结构施工图的识读与首层和顶层没有差异。需要特别指出的是如果功能需要，标准层范围内部分楼层结构布置有所变化，这时就需要对照变化部分，特别引起注意，弄清楚这些楼层与其他大多数楼层之间的异同，防止因疏忽造成错误和返工。需要注意的是多层砌体房屋可能在中间楼层处需要改变墙体厚度，这时需要弄清墙体厚度变化处上下楼层墙体的位置关系、材料强度的变化等。楼梯结构施工图识读时应配合建筑施工图，对其位置和梯段踏步划分、梯段板与踏步板坡度、平台板尺寸、平台梁截面尺寸、跨度及其配筋等都应正确理解。同时还要注意对各楼层板和柱结构标高的掌握和控制。弄清圈梁、构造柱的设置位置、尺寸及配筋以及它们之间的连接，它们与墙体之间的连接等。

4）顶层、屋面结构及屋顶间结构图的识读。原则上讲顶层与标准层差别不大，只是在特殊情况下可能为满足功能需要在结构布置上有所变化。对于屋顶结构中楼面结构布置、女儿墙或挑檐、屋顶间墙体及其屋顶结构等应弄清楚，尤其是屋顶间墙体位置以及与主体结构的连接关系等。弄清圈梁、构造柱的设置位置、尺寸及配筋以及它们之间的连接，它们与墙体之间的连接等。

8. 怎样识读多层混凝土结构房屋建筑施工图、结构施工图？

答：多层混凝土结构房屋建筑平面图的识读方法与多层砌体结构房屋建筑平面图的识读方法相同，这里不再赘述。此处回答多层混凝土结构房屋结构施工图的识读方法。

（1）从基础图开始，了解地基与基础的结构设计及要求，包括地基土、基础及基础梁的结构设计要求、标高和细部构造等，了解地下管网的进口和出口位置、地下管沟的构造做法、坡度，以及管沟内需要预埋和设置的附属配件等，为编制地基基础施工方案、指导地基基础施工做好准备。

（2）读懂首层结构平面布置图。弄清楚定位轴线与框架柱和非承重墙及其他构配件之间的关系，确定柱和内外墙确切位置，为编制首层结构施工方案和指导施工做好准备。

（3）读懂标准层结构平面布置图。一般说来，没有特殊情况，标准层的结构布置和房间布局各层相同，标准层结构施工图的识读与首层和顶层没有差异。需要特别指出的是如果功能需要，标准层范围内部分楼层结构布置有所变化，如房间分隔可能不同，这时需要弄清楚发生变化的楼层与其他楼层之间的异同，防止因疏忽造成错误和返工。还需要弄清楚上下层柱钢筋和下柱钢筋的搭接位置、数量、长度等，需要注意的是多层钢筋混凝土框架房屋可能在中间楼层处需要改变柱的截面尺寸或柱内配筋，这时需要弄清墙柱截面尺寸变化或柱内配筋变化部位上层柱之间的位置关系、上下层柱钢筋和下柱钢筋的搭接位置、数量、长度等，上下楼层墙体的位置关系、材料强度的变化等。特殊部位的配筋及工作要求：如果是现浇楼屋盖，还应弄清梁板内的配筋种类、位置、数量及其构造要求；对于悬挑结构中配置在板截面上部的抵抗负弯矩的钢筋一定要慎重，施工中必须保证其位置的正确。对于处在角部和受力比较复杂的部位的框架柱的配筋需要认真弄懂；梁截面中部构造钢筋、抗扭钢筋、拉结钢筋应与纵向受力钢筋、箍筋同样应受到高度重视；对于柱与填充墙的拉结筋应按设计需要配制不能遗忘；弄懂楼面上设置洞口时现浇板内的配筋的构造要求。楼梯结构施工图识读时应配合建筑施工图，对其位置和梯段踏步划分、梯段板与踏步板坡度、平台板尺寸、平台梁截面尺寸、跨度及其配筋等都应正确理解。同时还要注意对各楼层板和柱结构标高的掌握和控制。

（4）顶层、屋面结构及屋顶间结构图的识读。原则上讲顶层与标准层差别不大，只是在特殊情况下可能为满足功能需要在结构布置上有所变化。对于屋顶结构中楼面结构布置、女儿墙或挑檐、屋顶间柱及其屋顶结构等应弄清楚，尤其是屋顶间柱的位置以及与主体结构柱的连接关系等。

9. 怎样识读单层钢结构厂房建筑施工图、结构施工图？

答：（1）建筑平面图的识读方法

识读建筑平面图首先必须熟记建筑图例（建筑图例可查阅国家标准《房屋建筑制图统一标准》GB/T 50001）。

1）看图名、比例。先从图名了解该平面图表达的比例是多少；从平面图中的指北针明确房屋朝向。

2）从厂房大门开始，看车间名称，了解车间的用途和工艺功能分区及组合情况。从平面图可了解车间大门朝向及与厂区主要交通线路的衔接关系。

3）根据厂房轴线定位，了解每根柱与纵向、横向定位轴线的关系，识读厂房柱距和跨度尺寸，弄清楚定位轴线与排架柱、围护墙及其他构配件之间的关系。

4）看图例，识细部，认门窗的代号。了解厂房其他细部大小和位置，如工艺流水线的布置、主要设备在平面的具体位置、变形缝所在轴线位置。

5）看地面标高，了解地面和变形缝的位置和构造。平面图中标注的楼地面标高为相对标高，且是完成面的标高。

6）弄清柱顶标高、吊车梁顶面标高、牛腿顶面标高、吊车型号、柱间支撑的位置等。

7）弄清连系梁、圈梁在厂房空间的位置。

8）识读厂房屋顶结构支撑系统的布置，有天窗时天窗及其支撑系统的建筑施工图。

9）看清内、外墙面构造装饰做法；同时弄懂屋面排水系统及地面排水系统的构造。

（2）结构施工图的识读方法

1）从基础图开始，了解地基与基础的结构设计及要求，包括地基土、基础及基础梁的结构设计要求、标高和细部构造等，了解地下管网的进口和出口位置、地下管沟的构造做法、坡度，以及管沟内需要预埋和设置的附属配件等，为编制地基基础施工方案、指导地基基础施工做好准备。

2）读懂结构平面布置图。弄清楚定位轴线与排架柱、围护墙及其他构配件之间的关系，确定排架柱和内外墙确切位置，弄清楚设备基础结构施工图及其预埋件、预埋螺栓等的确切位置，为编制结构施工方案和指导施工做好准备。

3）读懂排架柱与基础的连接位置、连接方式、构造要求等，为组织排架柱吊装就位打好基础。

4）读懂钢结构屋架施工图、支撑系统结构图、屋顶结构图。为屋架吊装和支撑系统的安装、屋顶结构层施工做好准备。

5）识读钢结构施工图时，需要对现场连接部位的焊接或螺栓连接有足够和充分的认识和把握，以便组织现场结构连接和拼接。

6）在识读钢结构施工图的同时，需要认真研读国家钢结构设计规范、施工验收规范、钢结构施工技术规程等，以便深刻、全面、细致、完整、系统地了解钢结构施工图和细部要求，在施工中能够认真贯彻设计意图，严格按钢结构施工验收规范和设计图纸的要求组织施工。

第四节　建筑力学基础知识

1. 力、力矩、力偶的基本性质有哪些？

答：(1) 力

1) 力的概念。力是物体之间相互的机械作用，这种作用的效果是使物体的运动状态发生改变，或者使物体发生变形。

2) 力的三要素。力的大小、力的方向和力的作用点。

3) 静力学公理。①作用力与反作用力公理：两个物体之间的作用力和反作用力，总是大小相等，方向相反，沿同一直线，并分别作用在这两个物体上。②二力平衡公理：作用在同一物体上的两个力，使物体平衡的必要和充分条件是，这两个力大小相等，方向相反，且作用在同一直线上。③加减平衡力系公理：作用于刚体上的力可以沿其作用线移到刚体内的任意点，而不改变原力对刚体的作用效应。根据力的可传性原理，力对刚体的作用效应与力的作用点在作用线的位置无关。加减平衡力系公理和力的可传性原理都只适用于刚体。

(2) 力偶

1) 力偶的概念。把作用在同一物体上大小相等、方向相反但不共线的一对平行力组成的力系称为力偶，记为 F (F, F')。力偶中两个力的作用线间的距离 d 称为力偶臂。两个力所在的平面称为力偶的作用面。

2) 力偶矩。用力和力偶臂的乘积再加上适当的正负号所得的物理量称之为力偶矩，记作 M (F, F') 或 M，即：

$$M(F,F') = \pm Fd$$

力偶矩正负号的规定：力偶矩正负号表示力偶的转向，其规定与力矩相同。即力偶使物体逆时针转动则力偶矩为正，反之，为负。力偶矩的单位与力矩的单位相同。力偶矩的三要素：力偶矩的大小、转向和力偶的作用面的方位。

3）力偶的性质。力偶的性质包括：①力偶无合力，不能与一个力平衡或等效，力偶只能用力偶来平衡。力偶在任意轴上的投影等于零。②力偶对于其平面内任意点之矩，恒等于其力偶矩，而与矩心的位置无关。凡是三要素相同的力偶，彼此相同，可以互相代替。力偶对物体的作用效应是转动。

（3）力偶系

1）力偶系的概念。作用在同一物体上的力偶组成一个力偶系，若力偶系的各力偶均作用在同一平面，则称为平面力偶系。

2）力偶系的合成。平面力偶系合成的结果为一合力偶，其合力偶矩等于各分力偶矩的代数和。即：

$$M = M_1 + M_2 + \cdots + M_n = \Sigma M_i$$

（4）力矩

1）力矩的概念。将力 F 与转动中心点到力 F 作用线的垂直距离 d 的乘积并加上表示转动方向的正负号称为力 F 对 O 点的力矩，用 M_0（F）表示，即：

$$M_0(F) = \pm Fd$$

正负号的规定与力偶矩的规定相同。

2）合力矩定理

合力对平面内任意一点之矩，等于所有分力对同一点之矩的代数和。即

$$F = F_1 + F_2 + \cdots + F_n$$

则：

$$M_0(F) = M_0(F_1) + M_0(F_2) + \cdots + M_0(F_n)$$

2. 平面力系的平衡方程有哪几个？

答：（1）力系的概念

凡各力的作用线都在同一平面内的力系称为平面力系。在

平面力系中各力的作用线均汇交于一点的力系，称为平面汇交力系；各力作用线互相平行的力系，称为平面平行力系；各力的作用线既不完全平行，也不完全汇交的力系称为平面一般力系。

（2）力在坐标轴上的投影

力在两个坐标轴上的投影、力的值、力与 x 轴的夹角分别如下各式所示。

$$F_x = F\cos\alpha$$
$$F_y = F\sin\alpha$$
$$F = \sqrt{F_x^2 + F_y^2}$$
$$\alpha = \arctan\left|\frac{F_y}{F_x}\right|$$

（3）平面汇交力系的平衡方程

平面一般力系的平衡条件：平面一般力系中各力在两个任选的直角坐标系上的投影代数和分别等于零，各力对任一点之矩的代数和也等于零。用数学公式表达为：

$$\Sigma F_x = 0$$
$$\Sigma F_y = 0$$
$$\Sigma M_0(F) = 0$$

此外，平面一般力系平衡方程还可以表示为二矩式和三力矩式。它们各自平衡的方程组分别如下：

二矩式：

$$\Sigma F_x = 0$$
$$\Sigma M_A(F) = 0$$
$$\Sigma M_B(F) = 0$$

三力矩式：

$$\Sigma F_x = 0$$
$$\Sigma M_A(F) = 0$$

$$\Sigma M_C(F) = 0$$

（4）平面力偶系

在物体的某一平面内同时作用有两个或两个以上的力偶时，这群力偶就称为平面力偶系。由于力偶在坐标轴上的投影恒等于零，因此，平面力偶系的平衡条件为：平面力偶系中各力偶的代数和等于零。即：

$$\Sigma M = 0$$

3. 单跨静定梁的内力计算方法和步骤各有哪些？

答：静定结构在几何特性上是无多余联系的几何不变体系，在静力特征上仅由静力平衡条件可求全部反力、内力。

（1）单跨静定梁的受力

静定结构只在荷载作用下才产生反力、内力；反力和内力只与结构的尺寸、几何形状等有关，而与构件截面尺寸、形状、材料无关，且支座沉陷、温度变化、制造误差等均不会产生内力，只产生位移。

1）单跨静定梁的形式

以轴线变弯为主要特征的变形形式称为弯曲变形或简称弯曲。以弯曲为主要变形的杆件称为梁。单跨静定梁包括单跨简支梁、伸臂梁（一端伸臂或两端伸臂）和悬臂梁。

2）静定梁的受力

静定梁在上部荷载作用下通常受到弯矩、剪力和支座反力的作用，对于悬臂梁支座根部为了平衡固端弯矩就需要竖直方向的支反力和水平方向的轴向力。一般梁纵向轴力对梁受力的影响不大，讨论时不予考虑。

① 弯矩。截面上应力对截面形心的力矩之和，不规定正负号，弯矩图画在杆件受拉一侧，不注符号。

② 剪力。截面上应力沿杆轴法线方向的合力，使杆端有顺时针方向转动的趋势的为正，画剪力图时要注明正负号。由力的性质可知：在刚体内，力沿其作用线滑移，其作用效应

不改变。如果将力的作用线平行移动到另一位置，其作用效应将发生变化，其原因是力的转动效应与力的位置有直接的关系。

（2）用截面法计算单跨静定梁的内力

计算单跨静定梁内力常用截面法，其具体步骤如下：

1）根据力和力矩平衡关系求出梁端支座反力。

2）截取隔离体。从梁的左端支座开始取距支座为 x 长度的任意截面，假想将梁切开，并取左端为分离体。

3）根据分离体截面的竖向力平衡的思路求出截面剪力表达式（也称为剪力方程），将任一点的水平坐标代入剪力方程就可得到该截面的剪力。

4）根据分离体截面的弯矩平衡的思路求出截面弯矩表达式（也称为弯矩方程），将任一点的水平坐标代入弯矩方程就可得到该截面的弯矩。

5）根据剪力方程和弯矩方程可以任意地绘制出梁的剪力图和弯矩图，以直观观察梁截面的内力分配。

4. 多跨静定梁的内力分析方法和步骤各有哪些？

答：多跨静定梁是指由若干根梁用铰相连，并用若干支座与基础相连而组成的静定结构。多跨静定梁的受力分析应按先附属部分、后基本部分的顺序进行。分析时先计算全部反力（包括基本部分的反力及连接基本部分与附属部分的铰处的约束反力），做出层叠图；然后将多跨静定梁拆成几个单跨梁，按先附属部分、后基本部分的顺序绘制内力图。

5. 静定平面桁架的内力分析方法和步骤各有哪些？

答：静定平面桁架的功能和横跨的大梁相似，只是为了提供房屋建筑更大的跨度。其构成上与梁不同，内力计算也就不同。它的内力分析步骤如下。

（1）根据静力平衡条件求出支座反力。

（2）从左向右、自上而下对桁架各节点进行编号。

（3）从左端支座右侧的第一节间开始，用截面法将上下弦第一节间截开，按该截面各杆件到支座中心弯矩平衡求出各杆件的轴向内力。

（4）依次类推，将第二节间和第三节间截开，根据被截截面各杆件弯矩和剪力平衡的思路，求出相应节间内各杆件的轴力。

6. 杆件变形的基本形式有哪些？

答：杆件变形的基本形式有拉伸和压缩、弯曲和剪切、扭曲等。

拉伸或压缩是杆件在沿纵向轴线方向受到轴向拉力或压力后长度方向的伸长或缩短。在弹性限度内产生的伸长或缩短是与外力的大小成正比例的。

弯曲变形是杆件截面受到集中力偶或沿梁横截面方向外力作用后引起的变形。杆件的变形是曲线形式。

剪切变形是指杆件在沿横向一对力相向作用下截面受剪后产生的截面错位的变形。

扭转变形是指杆件受到扭矩作用后截面绕纵向形心轴产生的变形。

7. 什么是应力？什么是应变？在工程中怎样控制应力和应变不超过相关结构规范的规定？

答：应力是指构件在外荷载作用下，截面上单位面积内所产生的力。应变是指构件在外力作用下单位长度内的变形值。

在工程设计中应根据相应的结构进行准确的荷载计算、内力分析，根据相关设计规范的规定进行必要的强度验算、变形验算，使杆件的内力值和变形值不超过实际规范的规定，以满足设计要求。

第五节　工程项目管理的基础知识

1. 施工项目管理的内容有哪些?

答：施工项目管理的内容包括如下几个方面。

（1）建立施工项目管理组织

1）由企业采用适当的方式选聘称职的项目经理。

2）根据施工项目组织原则，采用适当的组织方式，组建施工项目管理机构，明确责任、权限和义务。

3）在遵守企业规章制度的前提下，根据施工管理的需要，制定施工项目管理制度。

（2）编制项目施工管理规划

施工项目管理规划包括如下内容：

1）进行工程项目分解，形成施工对象分解体系，以便确定阶段性控制目标，从局部到整体地进行施工活动和施工项目管理。

2）建立施工项目管理工作体系，绘制施工项目管理工作体系图和施工项目管理工作信息流程图。

3）编制施工管理规划，确定管理点，形成文件，以利执行。

（3）进行施工项目的目标控制

实现各项目标是施工管理的目的所在。施工项目的控制目标有进度控制目标、质量控制目标、成本控制目标、安全控制目标等。

（4）对施工项目施工现场的生产要素进行优化配置和动态管理

生产要素管理的内容包括：

1）分析各项生产要素的特点。

2）按照一定的原则、方法对施工项目生产要素进行优化配置，并对配置状况进行评价。

3）对施工项目的各项生产要素进行动态管理。

（5）施工项目的合同管理

在市场经济条件下，合同管理是施工项目管理的主要内容，是企业实现项目工程施工目标的主要途径。依法经营的重要组成部分就是按施工合同约定履行义务、承担责任、享有权利。

（6）施工项目的信息管理

施工项目信息管理是一项复杂的现代化管理活动，施工的目标控制、动态管理更要依靠大量的信息及其管理来实现。

（7）组织协调

组织协调是指以一定的组织形式、手段和方法，对项目管理中产生的关系不畅进行疏通，对产生的干扰和障碍予以排除的活动。协调与控制的最终目标是确保项目施工目标的实现。

2. 施工项目管理的组织任务有哪些？

答：施工项目管理的组织任务主要包括：

（1）合同管理

通过行之有效的合同管理来实现项目施工的目标。

（2）组织协调

组织协调是管理的技能和艺术，也是实现项目目标不可缺少的方法和手段。它包括与外部环境之间的协调，项目参与单位之间的协调和项目参与单位内部的协调三种类型。

（3）目标控制

施工项目目标控制是施工项目管理的重要职能，它是指项目管理人员在不断变化的动态环境中为确保既定规划目标的实现而进行的一系列检查和调整活动。其任务是在项目施工阶段采用计划、组织、协调手段，从组织、技术、经济、合同等方面采取措施，确保项目目标的实现。

（4）风险管理

风险管理是一个确定和度量项目风险并制定、选择和管理风险应对方案的过程。其目的是通过风险分析减少项目施工过程中的不确定因素，使决策更科学，保证项目的顺利实施，更好地实现项目的质量、进度和投资目标。

（5）信息管理

信息管理是施工项目管理中的基础性工作之一，是实现项目目标控制的保证。它是对施工项目的各类信息进行收集、储存、加工整理、传递及使用等一系列工作的总称。

（6）环境保护

环境保护是施工企业项目管理的重要内容，是项目目标的重要组成部分。

3. 施工项目目标控制的任务包括哪些内容？

答：施工项目包括成本目标、进度目标、质量目标三大目标。目标控制的任务包括使工程项目投资不超过合同约定的成本额度；保证在没有特殊事件发生和不改变成本投入、不降低质量标准的情况下按期完成施工任务；在投资不增加，工期不变化的情况下按合同约定的质量目标完成工程项目施工任务。

4. 施工项目目标控制的措施有哪些？

答：施工项目目标控制的措施有组织措施、技术措施、经济措施等。

（1）组织措施是指施工任务承包企业通过建立施工项目管理组织，建立健全施工项目管理制度，健全施工项目管理机构，进行确切和有效的组织和人员分工，通过合理的资源配置使施工项目目标实现的基础性措施。

（2）技术措施是指施工管理组织通过一定的技术手段对施工过程中的各项任务进行合理划分，通过施工组织设计和施工进度计划安排，通过技术交底、工序检查指导、验收评定等手段确保施工任务实现的措施。

（3）经济措施是指施工管理组织通过一定的程序对施工项目的各项经济投入进行控制的措施。包括各种技术准备的投入，各种施工设施的投入，各种涉及管理人员、施工操作人员工资、奖金和福利待遇提高等与项目施工有关的经济投入措施。

5. 施工现场管理的任务和内容各有哪些?

答：施工现场管理分为施工准备阶段的管理工作和施工阶段的现场管理工作。

(1) 施工准备阶段的管理工作

它主要包括拆迁安置、清理障碍、平整场地、修建临时设施，架设临时供电线路、接通临时用水管线、组织材料机具进场，施工队伍进场安排等工作，这些工作虽然比较零碎，但头绪很多，需要协调和管理的组织层次和范围比较广，是对项目管理组织的一个考验。

(2) 施工阶段的现场管理工作

此阶段现场管理工作头绪更多，施工参与各方人员的管理和协调，设备和器具，材料和零配件，生产运输车辆，地面、空间等都是现场管理的对象。为了有效进行现场管理，根本的一条就是要根据施工组织设计确定的现场平面图进行布置，需要调整变动时首先申请、协商，得到批准后方可变动，不能擅自变动，以免引起各部分主体之间的矛盾，以免违反消防安全、环境保护等方面的规定造成不必要的麻烦和损失。

对于节电、节水、用电安全、修建临时厕所及卫生设施等方面的管理工作，最好列入合同附则，有明确的约定，以便能有效进行管理，以在安全、文明、卫生的条件下实现施工管理目标。

第二章　基础知识

第一节　工程测量基础知识

1. 什么是建筑工程测量?

答：建筑工程测量是研究工业与民用建筑在勘察、设计、施工和管理阶段所进行的各种测量工作，主要包括测定和测设两方面。

（1）测定是指用测量仪器和工具，通过一系列的观测和计算，获得确定地面点位置的数据，或将建设地区的地面的地形绘制成地形图，供建筑工程规划和设计使用。即将地面实物通过测量绘制在地形图上，可以获得地面实物在图纸上的位置并显示其形状和大小。

（2）测设是指把图纸上设计好的建筑物、构筑物的位置，按照设计和施工的要求在地面上标定出来，作为施工的依据。要把设计好的建筑物测设到地面上，关键问题是要将其归结为一些特征点，并将这些特征点的位置在地面上确定出来。

2. 建筑工程测量的任务是什么?

答：测设和测定虽然是一个相反的过程，但实质却是相同的，关键都是要确定地面点的位置，测量学的根本任务就是确定地面点的位置，可简单地理解为研究如何确定地面点的科学。

建筑工程测量的主要任务包括如下几点：

（1）大比例尺地形图测绘

把工程建设地区的各种地物（如房屋、道路、森林与河流）和地貌（地面的高低起伏，如山头、盆底、丘陵、平原）等通过外业实地测量和内业计算整理，按一定的比例尺缩小绘制成各种地形图、断面图，或用数字表示出来，为工程建设各阶段提供必要的图纸和资料。

（2）建（构）筑物的施工放样

将图纸上所设计的建筑物、构筑物，按照设计和施工的要求在现场标定出来，作为施工的依据。在建筑施工和设备安装过程中，也要进行各种测量工作，配合指导施工，以保证施工和安装质量。

（3）竣工总平面图绘制

为了检验工程施工定位质量，工程竣工后，要对建（构）筑物，各种设施，各种生产、生活管道，特别是隐蔽工程的平面位置和高程位置进行竣工测量，并绘制竣工总平面图，为建筑物交付时的验收和以后的改建和扩建及使用中的检修提供资料。

（4）建筑物沉降与变形观测

在建筑物施工和运营期间，为了检测其基础和结构的安全与稳定状况，了解设计是否合理，需要定期对其位移、沉降、倾斜及摆动进行观测，以便为鉴定工程质量及工程结构和地基基础研究提供资料。

3. 建设工程测量的原则和程序各是什么？

答：测量工作由外业和内业两部分组成。外业就是指室外的作业，指测角、量距、测高差和测图等。内业即室内的作业，主要内容是整理外业测量的数据、进行计算和绘图。当然，外业工作包括一些简单的计算和绘图内容。

测量工作应遵循的原则如下：

（1）在测量布局上应遵循“由整体到局部”的原则；在测量精度上应遵循“由高级到低级”的原则；在测量程序上应遵循“先控制后碎部”的原则。

（2）在测量过程中应遵循“随时检查，前一步工作未做检查，不进行下一步工作”的测量程序。

控制测量是指先在测区（要测量的地区）内选择若干具有控制意义的点，以精密的仪器和准确的方法测定各控制点之间的距离，各控制边之间的夹角 β，如果某一边的方位角 α 和其中某一点的坐标已知，则可求出其他控制点的高程。

碎部测量是根据控制点测定碎部点位置。碎部测量是在控制测量的基础上进行的，以进行建筑物的放样，如在某已知点上测定其周围碎部点的平面位置和高程。

4. 建筑测量的原理及应用包括哪些方面?

答：(1) 工程测量的原理

1) 水准测量原理

水准测量是利用水准仪和水准标尺，根据水平视线原理测定两点高差的测量方法。测定待测点高程的方法有高差法和仪高法两种。

① 高差法。采用水准仪和水准尺测定待测点与已知点之间的高差，通过计算得到待测点的高程的方法。

② 仪高法。采用水准仪和水准尺，只需计算一次水准仪的高程，就可以简便地测算几个前视点的高程。例如：当安置一次仪器，同时需要测出数个前视点的高程时，使用仪高法是比较方便的。所以，在工程测量中仪高法被广泛地应用。

2) 基准线测量方法

基准线测量是利用经纬仪和检定钢尺，根据两点成一直线的原理测定基准线。测定待定点位的方法有水平角测量法和竖直角测量法，这是确定地面点位的基本方法。每两个点位都可连成一条直线（或基准线）。

① 保证量距精度的方法

返测丈量：当全段距离量完之后，尺端要调头，读数员互换，按同法进行返测，往返丈量一次为一测回，一般应测量两测回以上。量距精度以两测回的差数与距离之比表示。

② 安装基准线的设置

安装基准线一般都是直线，只要定出两个基准中心点，就构成一条基准线。平面安装基准线不少于纵横两条。

③ 安装标高基准点的设置原理

根据设备基础附近水准点，用水准仪测出标志的具体数值。相邻安装基准点高差应在0.5mm以内。

④ 沉降观测点的设置

沉降观测采用二等水准测量方法。每隔适当距离选定一个基准点与起算基准点组成水准环线。例如：对于埋设在基础上的基准点，在埋设后就开始第一次观测，随后的观测在设备安装期间连续进行。

（2）工程测量的程序和方法

1）工程测量的程序

无论是建筑安装还是工业安装的测量，其基本程序都是：建立测量控制网→设置纵横中心线→设置标高基准点→设置沉降观测点→安装过程测量控制→实测记录等。

2）平面控制测量

① 平面控制测量的要求

a. 平面控制网布设的原则：应因地制宜，既从当前需要出发，又适当考虑发展。

b. 平面控制网建立的测量方法有三角测量法、导线测量法、三边测量法等。

c. 平面控制网的等级划分：三角测量及三边测量依次为二、三、四等和一、二级小三角、小三边；导线测量依次为三、四等和一、二、三级。各等级的采用，根据工程需要，均可作为测区的首级控制。

d. 平面控制网的坐标系统，应满足测区内投影长度变形值不大于2.5cm/km。

e. 三角测量的控制网（锁）布设，应符合下列要求：

各等级的首级控制网，宜布设为近似等边三角形的网（锁），其三角形的内角不应小于30°；当受地形限制时，个别角可放宽，但不应小于25°。

加密的控制网，可采用插网、线形网或插点等形式，各等级的插点宜采用坚强图形布设，一、二级小三角的布设，可采用线形锁，线形锁的布设宜近于直伸。

② 平面控制网布设的方法

a. 导线测量法的主要技术要求：

当导线平均边长较短时，应控制导线边数。

导线宜布设成直伸形状，相邻边长不宜相差过大。

当导线网用作首级控制时，应布设成环形网，网内不同环节上的点不宜相距过近。

b. 三边测量的主要技术要求：

各等级三边网的起始边至最远边之间的三角形个数不宜多于10个。

各等级三边网的边长宜近似相等，其组成的各内角应符合规定。

c. 平面控制网的基本精度，应使四等以下的各级平面控制网的最弱边边长中误差不大于0.1mm。

3）常用的测量仪器

测量仪器必须经过检定且在检定周期内方可投入使用。例如：光学经纬仪，它的主要功能是测量纵、横轴线（中心线）以及垂直度的控制测量等。光学经纬仪主要应用于机电工程建（构）筑物建立平面控制网的测量以及厂房（车间）柱安装铅垂度的控制测量，用于测量纵向、横向中心线，建立安装测量控制网并在安装全过程进行测量控制。再如：全站仪（如Nikon DTM-530E等），它是一种采用红外线自动数字显示距离的测量仪器。全站仪主要应用于建筑工程平面控制网水平距离的测量及测设、安装控制网的测设、建安过程中水平距离的测量等。

5. 怎样确定测量基准?

答：为了确定地面点的位置，首先要有一个与它对照的基准。测量的基准包括基准面和基准线两个方面。

测量工作是在地球表面进行的，但测量的结果却需要归算到一定的平面上，才能进行计算和绘图。测量的基准面，根据研究对象和范围的不同，可选用水准面、水平面、大地水准面和参考椭球体面等。

自由静止的水面称为水准面，它是一个封闭的曲面，并处处与铅垂线垂直。通过水准面上某点与水准面相切的平面称为该点的水平面。水准面有无数个，其中与平均海水面相吻合并向大陆岛屿内延伸而形成的曲面称为大地水准面。大地水准面包围的地球形体称为大地体。大地水准面是具有复杂形状的物理曲面。

6. 确定地面点位的三个基本要素是什么?

答：地面点间的位置关系是以距离、角度和高差来确定的。所以距离、角度和高差是确定地面点位置的要素。

如图 2-1 所示，地面点 A、B 的坐标和高程是已知的。为了得到 P_1、P_2 点的坐标和高程，可先测出水平角 β_1、β_2，水平距离 D_1、D_2，以及高差 h_{BP_1}、$h_{P_1P_2}$，再根据已知 B 点的坐标，方向 A—B 和 B 点的高程 H_B 便可推算出 P_1 和 P_2 点的坐标和高程。

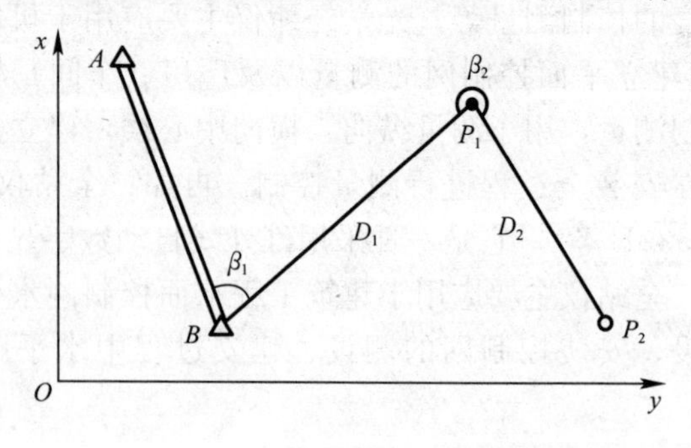

图 2-1　地面点间的位置关系

两点间的距离分为水平距离和倾斜距离。水平距离（简称平距）是指位于同一水平面内的两点之间的距离。斜距是不在同一平面内的两点间的距离。

角度分为水平角和垂直角。水平角 β 为同一水平面内两条直线间的交角。垂直角 α 为同一垂直面内的倾斜线与水平线之间的交角。

高差 h 为两点之间沿铅垂线方向的距离。

7. 地面点的表示方法包括哪些内容?

答：地面点在空间的位置通常用该点的高程和坐标来表示。将地面上任一点沿着铅垂线方向投影到大地水准面上（范围较小时可用水平面代替大地水准面），得到其投影点位，其平面位置用 x、y 表示，其竖向位置用 H 表示，如图 2-2 所示。

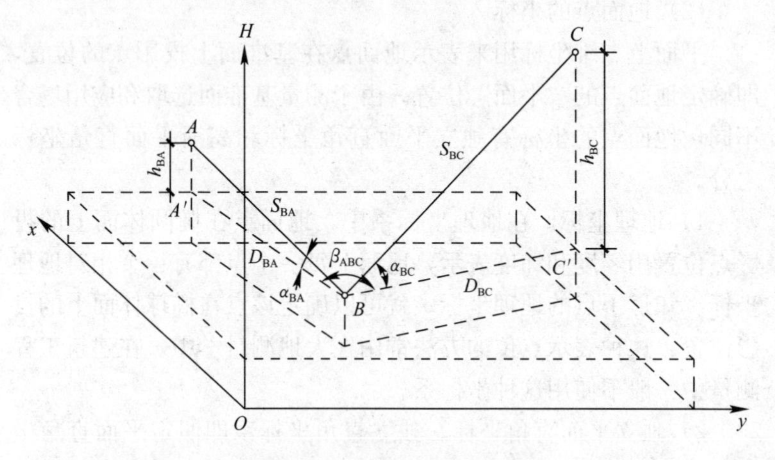

图 2-2　地面点的空间位置

（1）地面点的高程

高程用来表示地面点到基准面的距离，即确定地面点“高低”位置。由于测量基准面选取和应用场合不同，高程一般分为绝对高程和相对高程。在未特别指明的情况下，一般所讲的高程皆指绝对高程。

1）绝对高程。地面点到大地水准面的铅直距离称为该点的绝对高程，又称海拔，用 H 表示。当地面点高出大地水准面时，其高程规定为正值；当地面点低于大地水准面时，其高程规定为负值；而大地水准面上各点的高程则恒为零。

2）相对高程。当个别地区引用绝对高程有困难时，可采用假定高程系统，即采用容易假定的基准面作为高程起算的基准面。地面点到任一假定水准面的铅直距离称为该点的相对高程，亦称为假定高程。在建设工程中为了使用的方便，建筑工程标高也是相对高程，它是以建造物室内地坪（±0.000）为基准面起算的。

3）高差。测量上描述地面点高低关系时通常使用高差的概念。地面上两点的高程差称为高差。高差有方向和正负之分。

（2）地面点的坐标

平面上二维坐标用来表示地面点在基准面上投影点的位置，即确定地面点的“平面”位置。由于测量基准面选取和应用场合不同，地面点的坐标有独立平面直角坐标和高斯平面直角坐标之分。

1）地理坐标。在地理坐标系中，地面点在椭圆体面上的投影点位置用经度和纬度表示，地面上每一个点都有一个相对地理坐标。知道了点的地理坐标，就可以确定该点在椭球体面上的投影位置。这种表示点位的方法常用在大地测量学中，在建筑工程测量中一般不使用这种坐标系。

2）独立平面直角坐标。独立直角坐标系即假定平面直角坐标系，当测量区域较小且相对独立时（较小的建筑区和厂矿区），通常把较小区域的椭球面当做水平面看待，即用通过测区中部的水平面代替曲面。地面点在水平面上的投影位置，可以用该平面直角坐标系中的坐标 x、y 来表示。这样选取坐标系对测量工作的计算和绘图都较为简便。

测量上都以某点的子午线为基准方向，由子午线的北端起按顺时针确定直线方向，使平面直角坐标系的纵轴即 x 轴与子午线的北方一致，行政排列如图 2-3 所示。这样选择直角坐标系可使数学中的解析公式不做任何变动地应用到测量计算中。显然 x 轴（南北方向）向北为正，向南为负；横坐标轴（东西方向）向东为正，向西为负。平面直角坐标系的原点，可按实际情况选定。通常把原点选在整个测区内各点的坐标均为正的位置。

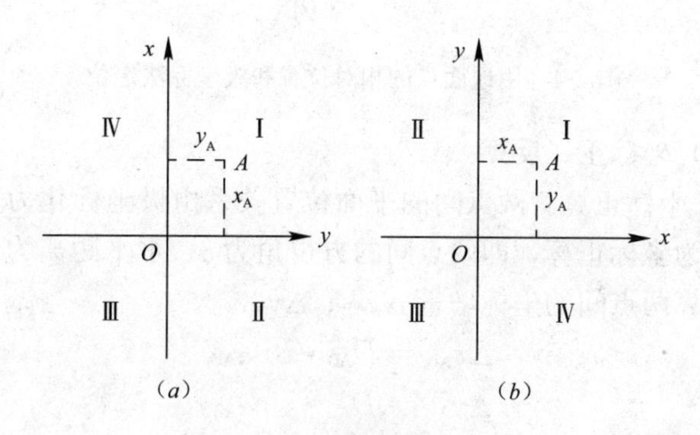

图 2-3　两个坐标系的比较

（a）测量坐标系；（b）数学坐标系

8. 怎样确定地面点的平面位置？

答：（1）直角坐标表示法为用两点间的坐标增量 Δx，Δy 表示。例如图 2-4 中，A、B 两点之间的坐标增量分别为：

$$\Delta x_{AB} = x_B - x_A$$

$$\Delta y_{AB} = y_B - y_A$$

某点的坐标也可以看做是坐标原点至该点的坐标增量。

（2）极坐标表示法为用两点连线（边）的坐标方位角 α 和水平距离（边长）D 表示。例如图 2-4 中 A 点至 B 点的坐标方位角 α_{AB} 和水平距离 D_{AB}。某点的坐标可以用坐标原点至该点的坐标方位角和水平距离表示。

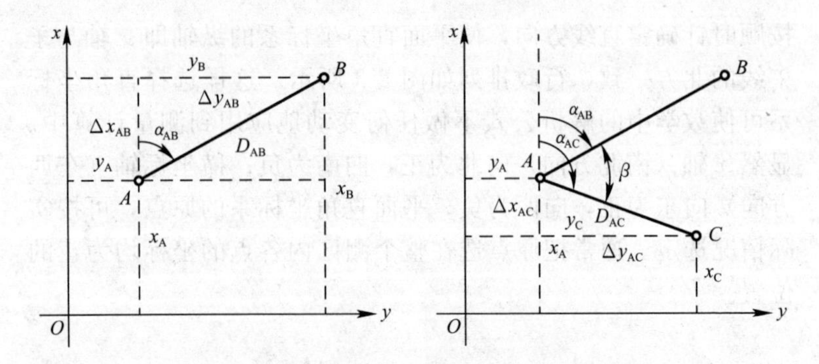

图 2-4　用地面点的相对位置和极坐标法定位

（3）坐标正、反算

1）坐标正算。两点间的平面位置关系由极坐标化为直角坐标，称为坐标正算，即两点间的方位角为 α、水平距离为 D，用下式计算两点间的坐标增量 Δx_{AB}、Δy_{AB}。

$$\Delta x_{AB} = D_{AB} \cdot \cos\alpha_{AB}$$

$$\Delta y_{AB} = D_{AB} \cdot \sin\alpha_{AB}$$

2）坐标反算。两点间的平面位置关系由直角坐标化为极坐标，称为坐标反算，即两点间的坐标增量为 Δx_{AB}、Δy_{AB}，用下式计算两点间的坐标方位角 α 和水平距离 D。

$$\alpha_{AB} = \arctan(\Delta y_{AB}/\Delta x_{AB}) = \arctan[(y_B - y_A)/(x_B - x_A)]$$

$$D_{AB} = \sqrt{\Delta x_{AB}^2 + \Delta y_{AB}^2} = \sqrt{(x_B - x_A)^2 + (y_B - y_A)^2}$$

9. 施工测量安全管理包括哪些方面的内容？

答：（1）进入施工现场的安全人员必须戴好安全帽，系好帽带，按照作业要求正确戴好个人防护用品，着装整齐；在没有可靠安全防护设施的高处（2m 以上悬崖和陡坡）施工时，必须系好安全带；高处作业不得穿硬底和带钉易打滑的鞋，不得向下投掷物体；严禁穿拖鞋、高跟鞋进入施工现场。

（2）施工现场行走要注意安全，避让施工现场车辆，避免发生事故。

(3) 施工现场不得攀登脚手架、井字架、龙门架、外用电梯，禁止乘坐非乘人的垂直运输设备上下。

(4) 施工现场的各种安全设施、设备和警告、安全标志等未经领导同意不得任意拆除和任意挪动，确因测量通视要求等需要拆除安全网等安全设施的，要事先与总包方相关部门联系，并及时予以恢复。

(5) 在沟、槽、坑内作业必须经常检查沟、槽、坑壁的稳定情况，上下沟、槽、坑必须走坡道或梯子，严禁攀登固壁支撑上下，严禁直接从沟、坑、槽壁上挖洞攀登上下或跳下，间歇时不得在坑、槽坡脚下休息。

(6) 在基坑边缘架设仪器等作业时，必须系好安全带并挂在牢固安全可靠处。

(7) 配合机械挖土作业时，严禁进入铲斗回转半径范围内。

(8) 进入施工现场作业面时，必须走人行梯道等安全通道，严禁利用模板支撑攀登上下，不得在墙顶、独立梁及其他高处狭窄而无防护的模板面上行走。

(9) 地上部分轴线投测采用内控法作业的，在内控点架设仪器时要注意上下洞口安全，防止洞口坠物发生人员和仪器事故。

(10) 施工现场发生伤亡事故，必须立即报告领导，抢救伤员，保护现场。

10. 变形测量安全管理包括哪些内容?

答：(1) 进入施工现场必须佩戴好安全用具，戴好安全帽并系好安全带，不得穿拖鞋、短裤及宽松衣物进入施工现场。

(2) 在场内、场外道路上作业时，注意来往车辆，防止发生交通事故。

(3) 作业人员处在建筑物边缘等可能坠落区域应佩戴安全带，并挂在牢固位置，未到达安全位置不得松开安全带。

(4) 在建筑物外侧区域立尺作业时，要注意作业区域上方是否有交叉作业，防止上方坠物伤人。

（5）在进行基坑边坡位移观测作业时，必须佩戴好安全带并挂在牢固位置，严禁在基坑边坡内侧行走。

（6）在进行沉降观测点埋设作业前，应检查所使用的电气工具，如电线胶皮套是否开裂、脱落等，检查合格后方可进行作业，操作时戴绝缘手套。

（7）观测作业时拆除的安全网等安全设施应及时恢复。

11. 测量误差的来源是什么？它是怎样分类的？

答：（1）误差的来源

测量误差主要来自以下三个方面：

1）外界条件。主要指观测环境中气温、气压、空气湿度、风力以及大气折光等因素的不断变化，导致测量结果中带有误差。

2）仪器条件。仪器在加工和装配等工艺过程中，不能保证仪器的结构能满足各种几何关系，这样的仪器必然会给测量带来误差。

3）观测者的自身条件。由于观测者感官鉴别能力所限以及技术熟练程度不同，也会在仪器对中、整平和瞄准等方面产生误差。

（2）误差分类

1）系统误差。在相同观测条件下，对某量进行一系列的观测，如果误差的大小及符号表现出一致性倾向，即按一定的规律变化或保持为常数，这种误差称为系统误差。例如，用一把名义长度为50m，而实际长度为50.02m的钢尺丈量距离，每量一尺段就要少量0.02m，这0.02m的误差，在数值上和符号上都是固定的，丈量距离越长，误差越大。

系统误差具有累积性，对测量结果影响较大，应设法消除或减弱。常用的方法有：对观测结果加改正数；对仪器检验与校正；采用适当的观测方法。

2）偶然误差。在相同观测条件下，对某量进行一系列的观测，如果误差的大小及符号没有表现出一致性的倾向，表面上看没有任何规律，这种误差称为偶然误差。例如，瞄准目标的照准误差，读数的估读误差等。

偶然误差是不可避免的。为了提高观测结果的质量，常用的方法是采用多个观测结果的算术平均值作为最后观测结果。偶然误差具有以下特征：

① 在一定的观测条件下，偶然误差的绝对值不会超过一定的限值。

② 绝对值小的误差出现的机会比绝度值大的误差出现的机会多（或概率大）。

③ 绝对值相等的正、负误差出现的机会相等。

④ 在相同条件下，同一量的等精度观测，其偶然误差的算术平均值，随着观测次数的无限增大而趋于零。

12. 衡量精度的标准有哪些?

答：(1) 中误差

在相同条件下，作一系列的观测，并以各个真误差的平方和的平均值的平方根作为评定观测质量的标准，称为中误差 m，即：

$$m=\pm\sqrt{\frac{[\Delta\Delta]}{n}}$$

由上式可见，中误差不等于真误差，它仅是一组真误差的代表值，中误差的大小反映了该组观测值精度的高低。因此，通常称为观测值的中误差。

(2) 极限误差

如果某个观测值的误差超过偶然误差的绝对值，说明这个观测值的质量差或出现错误而舍弃不用。这个限制称为极限误差。现行《工程测量规范》GB 50026 规定，以两倍中误差为极限误差。

即：

$$\Delta_{极}=2m$$

（3）相对误差

中误差和真误差都是绝对误差，误差的大小与观测量的大小无关。有些量（如长度）绝对误差不能全面反映观测精度，因为长度丈量的误差与长度大小有关。例如，分别丈量了两段不同长度的距离，一段为 100m，一段为 200m，但中误差皆为 ±0.01m，显然不能认为这两段距离观测成果的精度相同。为此，需要引入“相对误差”的概念，以便能更客观地反映实测精度。相对误差是指中误差的绝对值与相应观测值之比，用 K 表示。相对误差习惯于用分子为 1 的形式表示，分母愈大，表示相对误差越小，精度也就越高。

13. 简单的定位和放样工具有哪些?

答：简单的定位和放样工具有如下几种：

（1）花杆

花杆是定位放样工作中必不可少的辅助工具，作用是标定点位和指引方向。它的构造分为空心铝合金杆或实心圆木杆，直径约为 3cm，长度为 1.5～3m 不等，杆的下部为锥形铁脚，以便标定点位或插入地面，杆的外表面每隔 20cm 分别涂成红色和白色，称花杆。

在实际测量中花杆常被用于指引目标（标点）、定向、穿线。

（2）测钎

测钎由 8 号铅丝制成，长度 40cm 左右，下部削尖以便插入地面，上部为 6cm 左右的环状，以便于手握。每 12 根为一束，测钎用于记录整尺段和卡链及临时标点。

（3）皮尺

皮尺是卷式量具尺，端部有一铜环，使用时可从尺盒中拉出任意长度，用完后卷入盒内，方便携带，长度有 20m、30m、50m 三种。使用皮尺量距时，要有花杆和测钎的配合，当丈量长度大于尺长或虽然丈量距离小于尺长但地面起伏较大时，用花杆支撑尺段两端量距可引导方向以免量歪。

（4）钢尺

钢尺是用宽 10～15mm、厚 0.4mm 的低碳薄钢带制成的带状尺。其表面每隔 1mm 刻有刻划，并每隔 10cm 有数字标记。卷式量距尺通过手柄卷入尺盒或带有手把的金属架上，端部有铜环，以便丈量时拉尺之用。使用时可从盒内拉出任意长度，用完后卷入盒内。钢尺长度有 20m、30m、50m 三种。使用钢尺量距时，要有经纬仪、花杆和测钎配合进行。

钢尺因材质引起的伸缩性小，故一般量距精度比较高，常用于紧密基线丈量。且丈量时在每尺段端点处钉上木桩，并在桩顶上钉以用小刀刻痕的锌铁皮来准确读数；并在钢尺的两端使用拉力计。

（5）方向盘

方向盘是在花杆顶部有一木质圆盘，圆盘上固定有 0°～360°的分划，它的作用是概略测定角度，限于低精度的放样。

（6）方向架

方向架也称为十字架或直角架，用于横断面测量或测横断面宽度时的定向。方向架一般为木质，有两根互相垂直的弦杆，可上下移动，从而适应地形的变化。上、下弦杆互相垂直，顶部有一活动指针称方向杆，可转动 360°。上、下弦杆和方向杆的两端分别钉以用以瞄准目标的小钉。

（7）边坡样板

边坡样板可用于边坡放样定位，也常用于检测已修筑完成的路堤、路堑、沟槽、河渠等边坡坡度是否符合设计要求。边坡样板一般由木料按边坡制成，可以适应两种不同的边坡。如 1∶1.5 及 1∶2 坡度，可一板两用。

第二节　常用工程测量仪器的基本知识

1. DS3 水准仪的构造包括哪些内容？

答：DS3 水准仪主要由望远镜、水准器和基座三部分组成。

它的构造如图 2-5 所示。

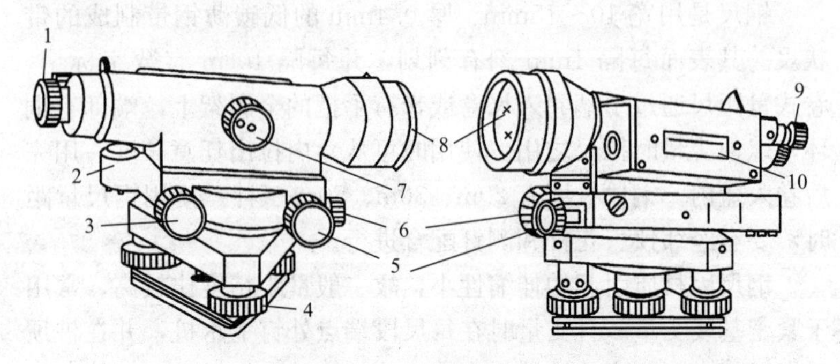

图 2-5 DS3 水准仪的构造

1—目镜对光螺旋；2—圆水准器；3—微倾螺旋；4—脚螺旋；5—微动螺旋；6—制动螺旋；7—对光螺旋；8—物镜；9—水准管气泡观测窗；10—管水准器

（1）望远镜

它是用来瞄准不同距离的水准尺并进行读数的，如图 2-5 所示。它由物镜、对光透镜、对光螺旋、十字丝分划板以及目镜等组成。

物镜是由两片以上的透镜组成的，作用是使目标成像在十字丝平面上，形成缩小的实像。旋转对光螺旋，可使不同距离目标的像清晰地位于十字丝分划板上。目镜也是由一组复合透镜组成的，作用是将物镜所成的实像连同十字丝一起放大成虚像，转动目镜调焦螺旋，可使十字丝影像清晰，称为目镜调焦。

从望远镜内所看到的目标放大虚像的视角 β 与眼睛直接观察该目标的视角 α 的比值，称为望远镜的放大率，一般 DS3 水准仪望远镜的放大率为 25～30 倍。

十字丝分划板是安装在目镜筒内的一块光学玻璃板，上面刻有两条互相垂直的细线，称为十字丝。竖直的一条称为纵丝，水平的一条称为横丝或中丝，用以瞄准目标和读数。与横丝平行的上、下两条对称短线称为视距丝，用以测定距离，上视距丝称为上丝，下视距丝称为下丝。

物镜光心与十字丝交点的连线称为望远镜的视准轴，观测时的视线即为视准轴的延长线。

（2）水准器

DS3 水准仪的水准器分为圆水准器（水准盒）和管水准器（水准管）两种，它们都是供整平仪器用的。水准管分划值可理解为当气泡移动 2mm 时，水准管轴所倾斜的角度，如图 2-6 所示。

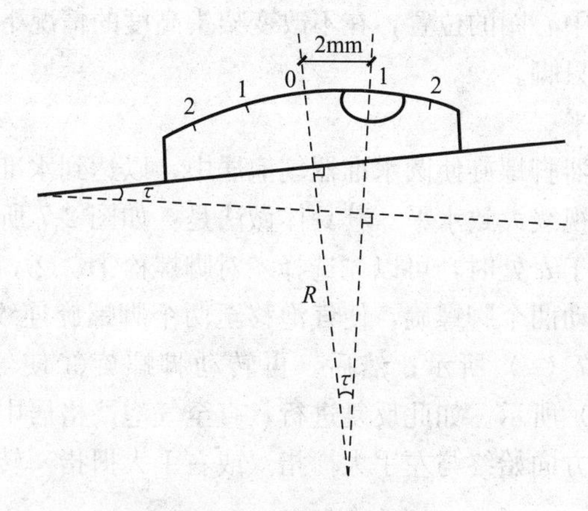

图 2-6　水准管分划值

为了提高精度，在水准管上方都装有棱镜，如图 2-5 所示。这样可使水准管气泡两端的半个气泡影像借助棱镜的反射作用转到望远镜旁的水准管气泡视窗内。这种具有棱镜装置的水准管又称复合水准管，它能提高气泡居中的精度。

圆水准器（水准盒）由玻璃制成，呈圆柱状，如图 2-7 所示。上部的内表面为一个半径为 R 的圆球面，中央刻有一个小圆圈，它的圆心 O 是圆水准器的零点。通过零点和球心的连线（O 点的法线），称为圆水准器轴。当气泡居中时，圆水准器即处于铅直位置。圆水准器的分划值一般为（$5'$～$10'$）/2mm，灵敏度较低，只能用作粗略整平仪。

2. DS3 水准仪的使用包括哪些内容?

答：DS3 水准仪的使用包括如下内容：

（1）架设仪器

在架设仪器处，打开三脚架，通过目测，使架头大致水平且高度适中（约在观测者的胸颈部），将仪器从箱中取出，用连接螺栓将水准仪固定在三脚架上。然后根据圆水准器气泡的位置，上下推拉，左右旋转三脚架的第三只脚，使圆水准器的气泡尽可能位于靠近中心圈的位置，在不改变架头高度的情况下，放稳三脚架的第三只脚。

（2）粗平

调节仪器脚螺旋使圆水准器气泡居中，以达到水准仪的竖轴近似垂直，视线大致水平。其具体做法是：如图 2-7 所示，设气泡偏离中心于 a 处时，可以先选择一对脚螺栓①、②，用双手以相对方向转动两个脚螺旋，使气泡移至两个脚螺旋连线的中间 b 处，如图 2-7（a）所示；然后，再转动脚螺旋③使气泡居中，如图 2-7（b）所示。如此反复进行，直至气泡严格居中。在整平中气泡移动方向始终与左手大拇指（或右手大拇指）转动脚螺旋的方向一致。

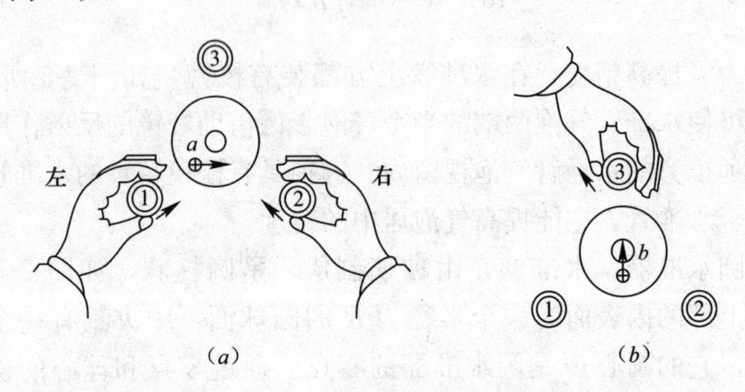

图 2-7 圆水准器整平方法

（3）瞄准

仪器粗略整平后，即用望远镜瞄准水准尺，其步骤如下：

1）目镜对光。将望远镜对向较明亮处，转动目镜对光螺旋，使十字丝调至最清晰为止。

2）初步照准。放松照准部的制动螺旋，利用望远镜上部的照门和准星，对准水准尺，然后拧紧制动螺旋。

3）物镜对光和精确瞄准。先转动物镜对光螺旋使尺像清晰，然后转动微动螺旋使尺像位于视场中央。

4）消除误差。物镜对光后，眼睛在目镜端上下微微地移动，因为十字丝和水准尺的像有相互移动的现象，这种现象称为视差。视差产生的原因是水准尺没有成像在十字丝上面，如图 2-8 所示。视差的存在会影响观测读数的正确性，必须加以消除。消除视差的方法是先进行目镜调焦，使十字丝清晰，然后转动对光螺旋进行物镜对光，使水准尺像清晰。

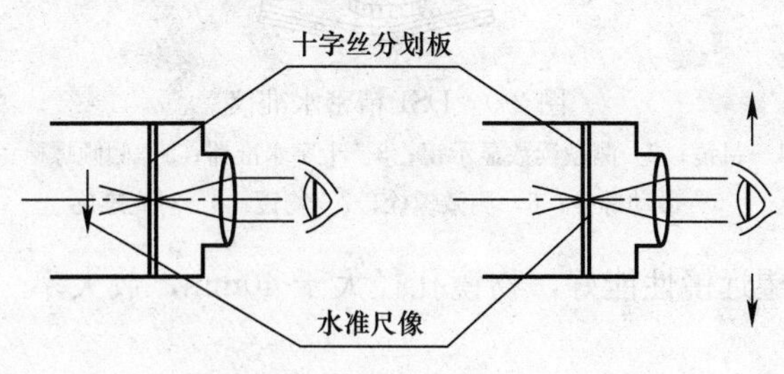

图 2-8　视差产生原因

（4）精平

精平是在读数前转动微动螺旋使气泡居中，从而得到精确的水平视线。转动微动螺旋时速度应缓慢，直至气泡稳定不动而居中时为止。必须注意，当望远镜转到另一方向观测时，气泡不一定居中，应重新精平，符合气泡居中后才能读数。

（5）读数

当气泡居中后，立即用十字丝横丝在水准尺上读数。读数前要认清水准尺的注记特征。望远镜中看到的水准尺是倒像时，读数应自上而下，从小到大读取，直至读取米、分米、厘米、毫米（为估读数）四位数字。

3. DS1 精密水准仪的构造、使用各包括哪些内容?

答：（1）DS1 精密水准仪的构造

DS1精密水准仪主要由望远镜、水准器和基座三部分组成。它的构造如图2-9所示。

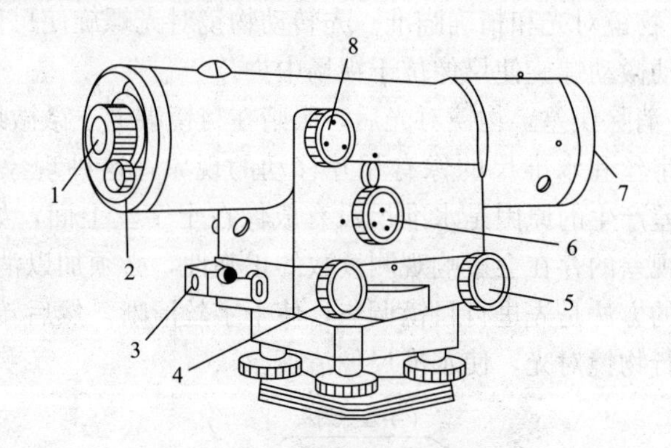

图2-9　DS1精密水准仪

1—目镜；2—测微读数显示镜；3—十字水准器；4—侧倾螺栓；5—微动螺栓；6—测微螺栓；7—物镜；8—对光螺旋

1）望远镜性能好，物镜孔径大于40mm，放大率一般大于40倍。

2）望远镜筒和水准器套均由瓦合金铸件构成，具有结构坚固，水准管轴与视准轴关系稳定的特点。

3）采用复合水准器、水准管，分划值为（6″～10″）/2mm；对于自动安平水准仪，其安平精度一般不低于0.2″。

4）为了提高读数精度，望远镜上装有平行玻璃板测微器，最小读数为0.05～0.1mm。

（2）平行玻璃板测微器

平行玻璃板测微器如图2-10所示，由平行玻璃板、测微分划尺、传动杆、测微螺旋和测微读数系统组成。平行玻璃板装在物镜前面，通过有齿条的传动杆与测微分划尺相连接，当转动测微螺旋时，传动杆带动测微玻璃板前后俯仰，而使视线上下平行移动，同时测微分划尺也随之移动，当平行玻璃板铅直时，光线不产生平移；当平行玻璃板倾斜时，视线经平行玻璃板后则产生平行移动，移动的数值由测微分划尺读数反映出来。

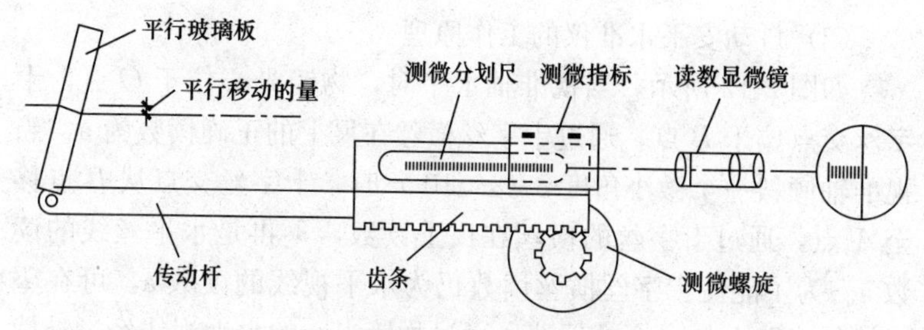

图 2-10　平行玻璃板测微器

（3）DS1 精密水准仪的使用

精密水准仪的操作方法和普通水准仪的操作方法基本相同，也分为粗平、瞄准、精平和读数四个步骤，但读数方法不同。读数时，先转动微动螺旋，从望远镜内观察使水准管气泡影像符合；再转动测微螺旋，使望远镜中的楔形丝夹住靠近的一条整分划线。其读数为两部分：厘米以上的数由望远镜直接在尺上读取；厘米以下的数从测微读数显微镜中读取，估读至 0.01mm。

4. 自动安平水准仪的构造、工作原理、补偿器、使用各包括哪些内容？

答：（1）自动安平水准仪的构造

自动安平水准仪主要由望远镜、水准器和基座三部分组成。它的构造如图 2-11 所示。

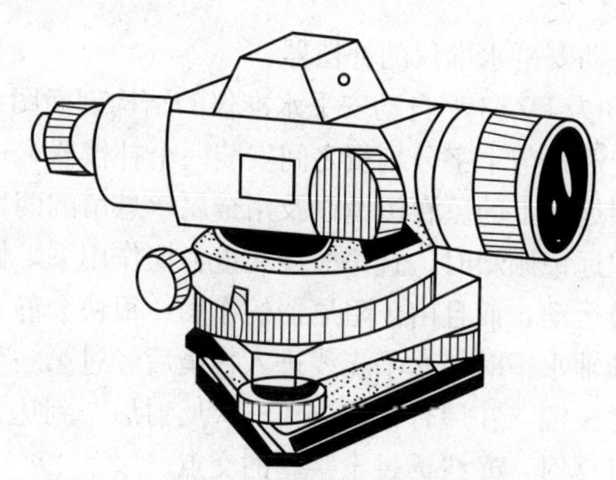

图 2-11　自动安平水准仪的构造

(2) 自动安平水准仪的工作原理

如图 2-12 所示，当视准轴水平时，物镜光心位于 O 点，十字丝交点位于 B 点，通过十字丝横丝在尺上的正确读数为 a，当视准轴倾斜一个微小角度 α（$\alpha < 10'$）时，十字丝交点从 B 点移至 A 点，通过十字丝的横丝在尺上读数，不再是水平丝线的读数 a。为了能使十字丝横丝读数仍为水平视线的读数 a，可在望远镜的光路上加一个补偿器，通过物镜光心的水平视线经过补偿器的光学元件后偏转一个 β 角，这样在 A 点处十字丝横丝仍可读得正确读数 a。由于 α 角和 β 角都是很小的角值，如果下式成立，即能达到补偿的目的。

$$f\alpha = S\beta$$

式中 S——补偿器到十字丝的距离；

f——物镜到十字丝的距离。

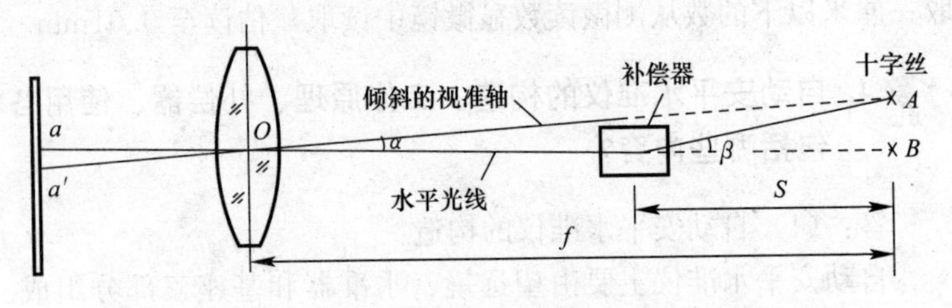

图 2-12 自动安平水准仪的工作原理

(3) 自动安平水准仪的补偿器

图 2-13 为 DZS3 型自动安平水准仪的结构剖面图。

在对光透镜与十字分划板之间安装一个补偿器，这个补偿器由固定在望远镜上的屋脊棱镜以及用金属丝悬吊的两块直角棱镜组成。当望远镜倾斜时，直角棱镜在重力摆作用下，做与望远镜相反的偏转运动，而且由于阻尼器的作用，很快会静止下来。

当视准轴水平时，水平光线进入物镜后经过第一个直角棱镜反射到屋脊棱镜，在屋脊棱镜内作三次反射后，到达另一直角棱镜，再经过反射，光线透过十字丝的交点。

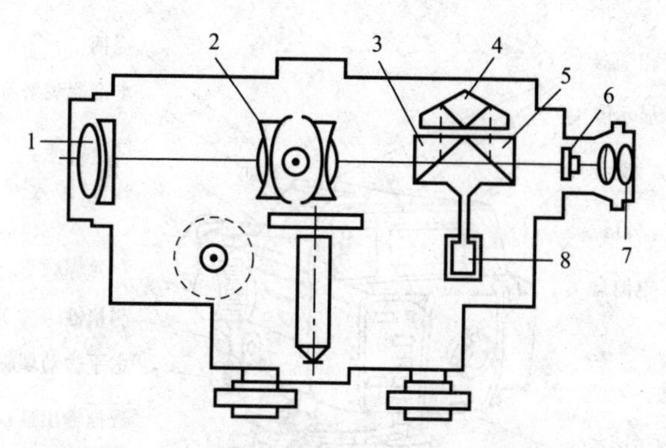

图 2-13　DZS3 型自动安平水准仪的结构剖面图

1—物镜；2—调焦距；3—直角棱镜；4—屋脊棱镜；5—直角棱镜；
6—十字丝分划板；7—目镜；8—阻尼器

（4）自动安平水准仪的使用

自动安平水准仪的使用方法与普通水准仪的使用方法大致一样，但也有不同之处。自动安平水准仪经过圆水准器粗平后，即可观测读数。对于 DZS3 型自动安平水准仪，在望远镜内设有警告指示窗。当警告指示窗全部呈绿色时，表明仪器竖轴倾斜在补偿器补偿范围内，即可进行读数。否则，指示窗会出现红色，表明已超出补偿范围，应重新调整圆水准器。

5. 电子数字水准仪的构造、使用各包括哪些内容？

答：（1）电子数字水准仪的构造

SDL30 数字水准仪外形如图 2-14 所示。

（2）电子数字水准仪的使用

仪器使用前应将电池充电。充电开始后充电器指示灯开始闪烁，充电时间约为 2h，当指示灯不闪烁时充电完成。

电子数字水准仪操作步骤与自动安平水准仪基本相同，只是电子数字水准仪使用的是条码尺，当瞄准标尺，消除视差后按“Measure”键，仪器即自动读数。仪器还可以将倒立在房间或隧道顶部的标尺识别，并以负数给出。电子数字水准仪也可与因瓦尺配合使用。

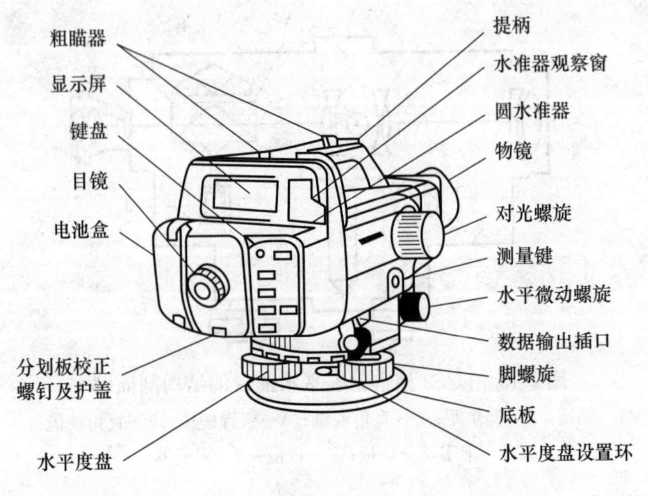

图 2-14　SDL30 数字水准仪外形

6. 水准仪应满足的条件有哪些?

答：水准仪应满足的条件如下：

(1) 水准仪应满足的主要条件

水准仪应满足两个主要条件：

1) 水准管轴应与望远镜的视准轴平行；

2) 望远镜的视准轴不因调焦而变动位置。

第 1) 款主要条件如不满足，那么水准管气泡居中后，水准管轴已经水平而视准轴却未水平，则不符合水准测量的基本原理。

第 2) 款主要条件是为满足第 1) 款主要条件而提出的。当望远镜在调焦时视准轴位置发生变动，就不能设想在不同位置的许多条视线能够与一条固定不变的水准管轴平行。望远镜调焦在水准测量中是不可避免的，所以必须提出此项要求。

(2) 水准仪应满足的次要条件

水准仪应满足两个次要条件：

1) 圆水准器轴应与水准仪的竖轴平行；

2）十字丝的横丝要垂直于仪器的竖轴。

第 1）次要条件的满足在于能迅速地整治好仪器，提高作业速度；也就是在圆水准器气泡居中时，仪器的竖轴基本处于竖直状态，使仪器旋转至任何位置都易于使水准管的气泡居中。

第 2）次要条件的满足是当仪器竖轴已经竖直，在读取水准尺上的读数时就不必严格用十字丝的交点，用交点附近的横丝读数也可以。

7. 水准测量的技术要求有哪些？

答：水准测量的主要技术要求包括如下内容：

（1）水准测量的主要技术要求，应符合表 2-1 的规定。

水准测量的主要技术要求 **表 2-1**

等级	每千米高差全中误差（mm）	路线长度（km）	水准仪型号	水准尺	观测次数		往返较差、附和或环线闭合差	
					与已知点联测	联合或换线	平地（mm）	山地（mm）
二等	2	—	DS1	因瓦	往返各一次	往返各一次	$4\sqrt{L}$	—
三等	6	≤50	DS1	因瓦	往返各一次	往一次	$12\sqrt{L}$	$4\sqrt{n}$
			DS3	双面		往返各一次		
四等	10	≤16	DS3	双面	往返各一次	往一次	$20\sqrt{L}$	$6\sqrt{n}$
五等	15	—	DS3	单面	往返各一次	往一次	$30\sqrt{L}$	—

注：1. 节点之间或节点与高级点之间，其路线的长度，不应大于表中规定的 0.7 倍。
2. L 为往返测段、附和或环线的水准路线长度（km）；n 为测站数。
3. 数字水准测量的技术要求和同等级的光学水准仪相同。

（2）水准测量所用的仪器及水准尺、应符合下列规定：

1）水准仪视准轴与水准管的夹角 i，DS1 型不应超过 15″，DS3 型不应超过 20″。

2）补偿式自动安平水准仪的补偿误差 $\Delta\alpha$ 对于二等水准不

应超过 0.2″，三等水准不应超过 0.5″。

3）水准尺上的米间隔平均长与名义长之差，对于因瓦水准尺，不应超过 0.15mm；对于条码尺，不应超过 0.1mm；对于木质双面水准尺，不应超过 0.5mm。

8. 水准观测的主要技术要求包括哪些内容？

答：水准观测的主要技术要求包括如下内容：

（1）水准观测应在标石埋设稳定后进行，各等级水准观测的主要技术要求，应符合表 2-2 的规定。

水准观测的主要技术要求　　表 2-2

等级	水准仪型号	视线长度（m）	前后视的距离较差（m）	前后视的距离较差累积（m）	视线离地面最低高度（m）	基、辅分划或黑、红面读数较差（mm）	基、辅分划或黑、红面所测高差较差（mm）
二等	DS1	50	1	3	0.5	0.5	0.7
三等	DS1	100	3	6	0.3	1.0	1.5
	DS3	75				2.0	3.0
四等	DS3	100	5	10	0.2	3.0	5.0
五等	DS3	100	近似相等	—	—	—	—

注：1. 二等水准视线长度小于 20mm 时，其视线高度不应低于 0.3m。
2. 三、四等水准采用变动仪器高度观测单面水准尺时，所测两次高差较差，应与黑面、红面所测高差之差的要求相同。
3. 数字水准仪观测，不受基、辅分划或黑、红面读数较差指标的限制，但测站两次观测的高差较差，应满足表中相应等级基、辅分划或黑、红面所测高差较差的限值。

（2）两次观测高差较差超限时应重测。重测后，对二等水准应选取两次异向观测的合格结果，其他等级则应将重测结果与原测结果分别比较，较差均不超过限制时，取三次结果的平均数。

（3）当水准线路要跨越江河（湖塘、宽沟、洼地、山谷等）时，应符合下列规定：

1）水准作业场地应选在跨越距离较短、土质坚硬、密实便于观测的地方；标尺点需设立木桩。

2）两岸测点和立尺点应对称布设。当跨越距离小于 200m

时，可采用单线过河；大于200m时，应采用双线过河并组成四边形闭合环。往返较差、环线闭合差应符合表2-1的规定。

3）水准观测的主要技术要求，应符合表2-3的规定。

跨河测量的主要技术要求　　表2-3

跨越距离（m）	观测次数	单程测回数	半测回远尺读数次数	测回数（mm）		
				三等	四等	五等
<200	往返各一次	1	2	—	—	—
200～400	往返各一次	2	3	8	12	25

注：1. 一次测回的观测顺序：先读近尺，再读远尺；仪器搬至对岸后，不动焦距先读远尺，再读近尺。
2. 当采用双向观测时，两条跨河视线长度宜相等，两岸岸上长度宜相等，并大于10m，当采用单向观测时，可分别在上午、下午各完成半数工作量。

4）当跨越距离小于200m时，也可采用在测站上变换仪器高度的方法进行，再次观测高差较差不应超过7mm，取平均值作为观测高差。

9. 水准观测数据的处理应符合哪些规定？

答：水准观测数据的处理应符合下列规定：

（1）当每条水准路线分测段施测时，应按下式计算每千米水准测量的高差偶然中误差，其绝对值不要超过表2-1中相应等级每千米高差全中误差的1/2。

$$M_{\Delta}=\sqrt{\frac{1}{4n}\left[\frac{\Delta\Delta}{L}\right]}$$

式中　M_{Δ}——高差偶然中误差（mm）；

Δ——测段往返高差不符值（mm）；

L——测段长度（km）；

n——测段数。

（2）水平测量结束后，应按上式计算每千米水准测量高差全中误差，其绝对值不应超过表2-1中相应的规定。

$$M_{W}=\sqrt{\frac{1}{N}\left[\frac{WW}{L}\right]}$$

式中　M_W——高差全中误差（mm）；

W——附和或环线闭合差（mm）；

L——计算各 W 时相应的路线长度（km）；

N——附和路线和闭合环的总个数。

（3）当二、三等水准测量与国家水准点附和时，高山地区除应进行正常位水准面不平行修正外，还应进行其重力异常的归算修正。

（4）各等级水准网，应按最小二乘法进行平差并计算每千米高差全中误差。

（5）高程成果的取值，二等水准应精确至 0.1mm，三、四、五等水准应精确至 1mm。

10. 工程上常用的光学经纬仪由哪些部分构成？

答：工程上常用的光学经纬仪有 J_6 和 DJ_2 两类。

（1）J_6 级光学经纬仪构造如图 2-15 所示。

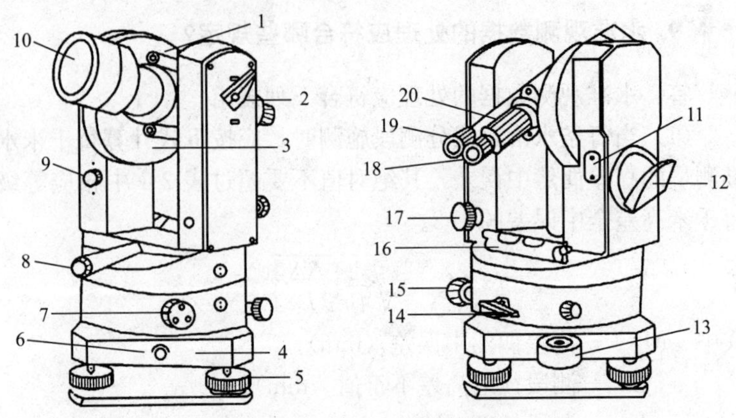

图 2-15　J_6 级光学经纬仪

1—粗瞄器；2—望远镜制动螺旋；3—竖盘；4—基座；5—脚螺旋；6—固定螺旋；7—度盘变换手轮；8—光学对准器；9—自动归零旋钮；10—望远镜物镜；11—指标差调位盖板；12—反光镜；13—圆水准器；14—水平制动螺旋；15—水平微动螺旋；16—照准部水准管；17—望远镜微动螺旋；18—望远镜目镜；19—读数显微镜；20—对光螺旋

（2）DJ_2 级光学经纬仪构造如图 2-16 所示。

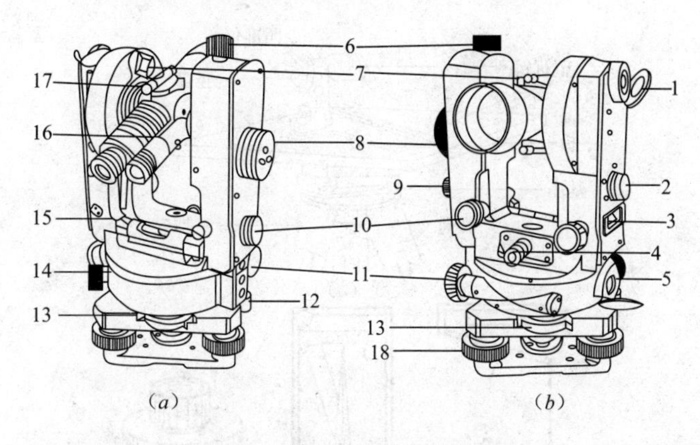

图 2-16　DJ_2 级光学经纬仪

1—竖盘反光镜；2—竖盘指标水准管观测镜；3—竖盘指标水准管微动螺旋；4、8—光学对准器目镜；5—水平度盘反光镜；6—望远镜制动螺旋；7—光学瞄准器；9—望远镜微动螺旋；10—换像手轮；11—水平微动螺旋；12—水平度盘换手轮；13—中心锁紧螺旋；14—水平制动螺旋；15—照准部水准管；16—读数显微镜；17—望远镜反光板手轮；18—脚螺旋

11. 平板仪的构造包括哪些部分？

答：（1）大平板仪的构造

如图 2-17（*a*）所示，大平板仪由平板、三脚架、基座和照准仪及其附件组成。

照准仪由望远镜、竖盘、直尺组成。望远镜和竖盘与经纬仪的构成相似，可以用来进行视距测量。直尺代替了经纬仪上的水平度盘，直尺边和望远镜的视准轴在同一竖直面内，望远镜瞄准后，直尺在平板上画出的方向线是瞄准的直线方向。

如图 2-17（*b*）～图 2-17（*d*）所示，大平板仪的附件包括：

1）对点器。用来对点，使平板上的点和相应地面点在同一条铅垂线上。

2）定向罗盘。初步定向，使平板仪图纸上的南北方向和实际南北方向接近一致。

3）圆水准器。用来整平平板仪的平板。

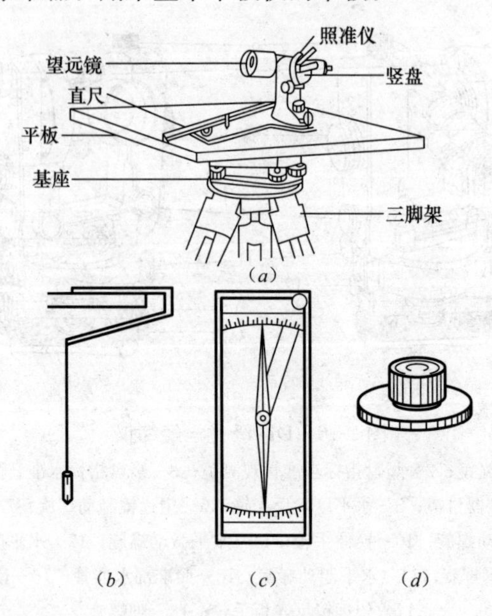

图 2-17　大平板仪

(a) 大平板仪构造；(b) 对点器；(c) 定向罗盘；(d) 圆水准器

(2) 小平板仪的构造

如图 2-18 所示，小平板仪主要由三脚架、平板、照准仪、对准器和长盒磁针等组成。

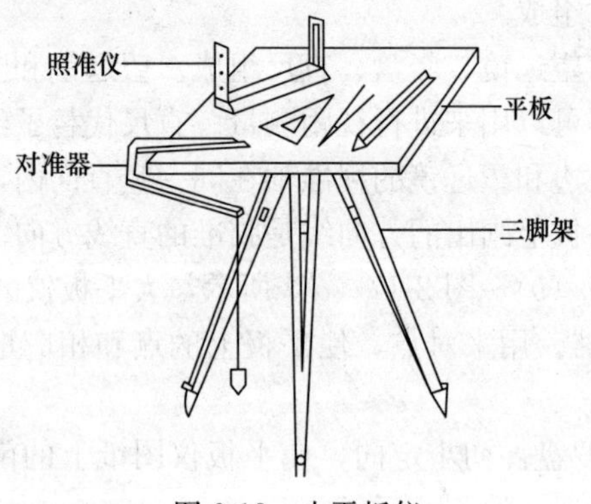

图 2-18　小平板仪

照准仪如图 2-19 所示，由直尺、觇孔和分划板组成。觇孔和分划板上的细丝可以找准目标，直尺可在纸板上绘方向线。为了置平平板，照准仪的直尺上附有水准器，用这种照准仪测量距离和高差的精度很低，所以常和经纬仪配合使用，进行地形图的测绘。

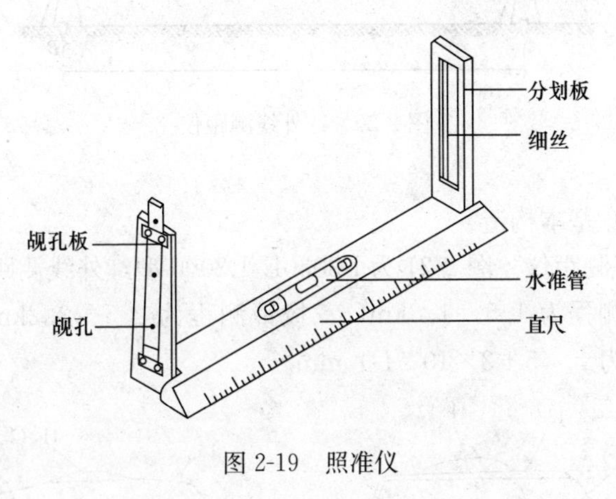

图 2-19　照准仪

12. 红外线测距仪的基本原理和基本构造包括哪些内容?

答：(1) 基本原理

红外线测距仪以砷化镓发光二极管作为光源。若给砷化镓二极管注入一定的恒定电流，它发出的红外光的光强恒定不变，若改变注入电流的大小，砷化镓及发光二极管发射的光强也随之变化，注入电流越大，光强越强，注入电流越小，光强越弱。在发光二极管上注入频率为 f 的交流电，则其光强也按频率 f 发生变化，这种光称为调制光，相位法测距仪发出的光就是连续的调制光。如图 2-20 所示。用测距仪测定 A、B 两点间的距离 D，在 A 点安置测距仪，在 B 点安置反射镜。由仪器发射的调制光，经过距离 D 到达反射镜，镜反射回到仪器接收系统。如果能测出调制光在距离 D 上往返传播的时间 t，则距离 D 可按下式求得：

$$D = 0.5ct$$

式中　c——调制光在大气中的传播速度。

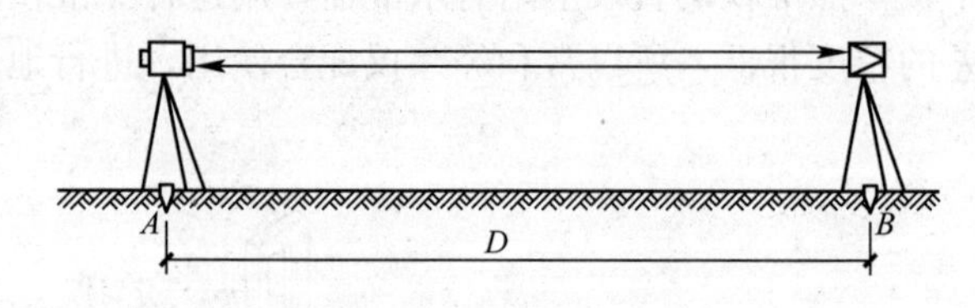

图 2-20　红外线测距仪

（2）基本构造

1）测距仪。图 2-21 为 D3030E/D2000 型红外线测距仪，它的棱镜测程为 1.5～1.8km，三棱镜测程为 2.5～3.2km，测距标准差为±（$5+3\times10^{-6}D$）mm。

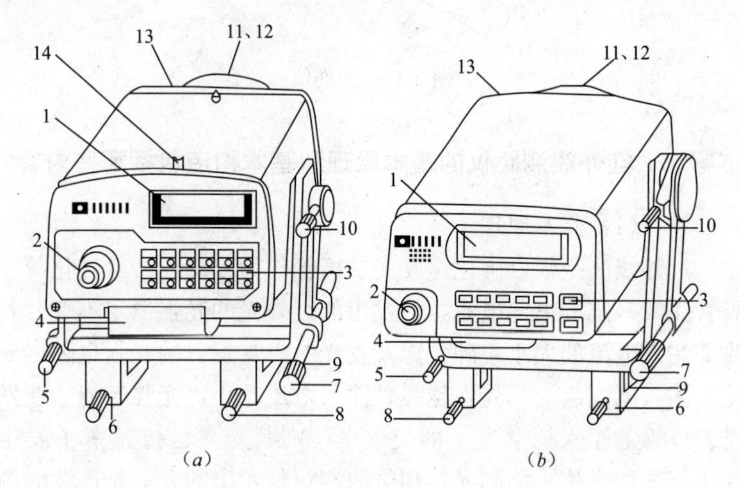

图 2-21　D3030E/D2000 型红外线测距仪

（*a*）D3030E 型；（*b*）D2000 型

1—显示器；2—照准望远镜；3—键盘；4—电池；5—照准轴水平调整螺旋；6—座架；7—俯仰螺旋；8—座架固定螺旋；9—间距调整螺钉；10—俯仰角锁定螺旋；11—物镜；12—物镜罩；13—RS-232 接口；14—粗瞄器

2）棱镜反射镜。棱镜反射镜简称棱镜，用红外线测距仪测距时棱镜是不可或缺的配合装置。棱镜反射镜如图 2-22 所示。

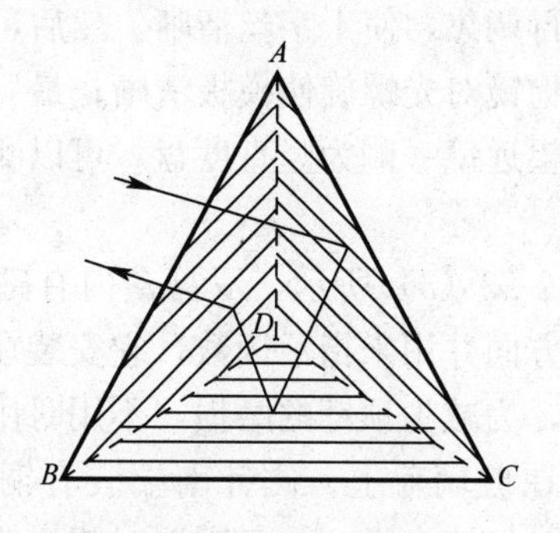

图 2-22　棱镜反射镜

13. 罗盘仪由哪些部分构成？用它测定直线磁方位角的方法是什么？

答：(1) 罗盘仪的构成

罗盘仪的构造如图 2-23 所示，它主要由望远镜、罗盘盒和基座三大部分组成。

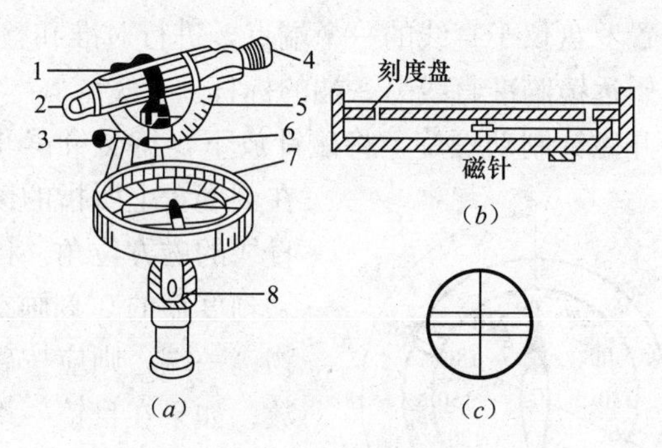

图 2-23　罗盘仪

(*a*) 罗盘仪构造；(*b*) 罗盘盒；(*c*) 十字丝环

1—望远镜制动螺旋；2—目镜；3—望远镜微动螺旋；4—物镜；

5—竖直度盘；6—竖直度盘指标；7—罗盘盒；8—球臼

1）望远镜

望远镜用于瞄准目标，由物镜、十字丝、目镜组成。使用时首先转动目镜进行调焦，使十字丝清晰。然后，用望远镜大致照准目标，再转动物镜对光螺旋使模板清晰；最后，以十字丝竖丝精确对准目标。望远镜一侧为竖直度盘，可以测量竖直角。

2）罗盘盒

罗盘盒如图 2-23（*b*）所示，罗盘盒内有磁针和刻度盘。磁针用于确定南北方向并用来指示读数，它安装在刻度盘中心顶针上，能自由转动，为减少顶针的磨损，不用时用磁针制动螺旋将磁针抬起，固定在玻璃盖上。磁针南端装有铜箍，以克服磁倾角，使磁针转动时保持水平。由于观测时望远镜转动的不是磁针（磁针永远指北），而是刻度盘，为了直接读取磁方位角，所以刻度盘以逆时针注记。

3）基座

基座是球臼结构，安装在三脚架上，松开球臼接头螺旋，摆动罗盘盒使水准气泡居中，此时刻度盘已处于水平位置，旋紧接头螺旋。

（2）测定直线磁方位角的方法

1）安置罗盘仪于直线的一个端点，进行对准和整平。

2）用望远镜瞄准直线另一端的标杆。

3）松开磁针制动螺旋，将磁针放下，待磁针静止后，磁针在刻度盘上所指的读数即为该直线的磁方位角。读数时，如果刻度盘的 0°刻画在望远镜的物镜一端，则应按磁针北端读数；如果在目镜一端，则应按磁针南端读数。图 2-24 中刻度盘 0°刻画在物镜一端，应按磁针北端读数，其磁方位角为 240°。

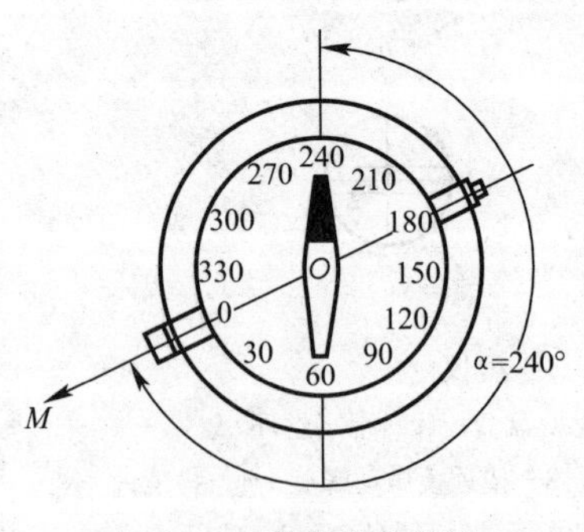

图 2-24　罗盘仪的使用

14. 激光铅直仪由哪些部分构成？使用方法是什么？

答：（1）激光铅直仪的构造

激光铅直仪构造如图 2-25 所示。

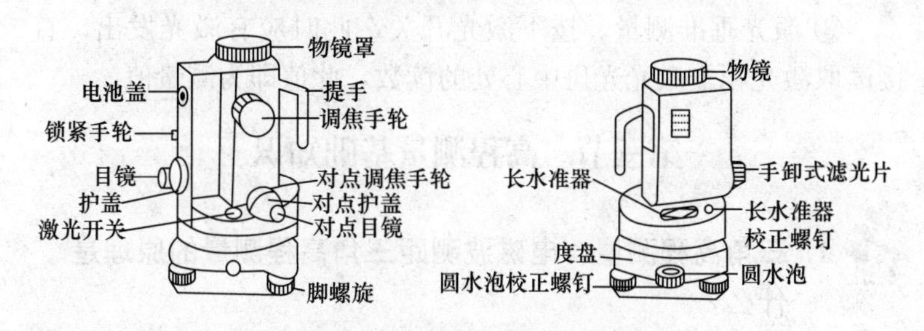

图 2-25　激光铅直仪的构造

（2）激光铅直仪的使用

激光铅直仪用来测量相对铅直线的微小水平偏差、进行铅直线的点位传递、物体垂直轮廓的测量以及方位的垂直传递。

仪器广泛用于高层建筑施工，高塔、烟囱、电梯、大型机械设备的安装、工程监理和变形监测等。

激光铅直仪的使用方法如下所述：

1）对中、整平

在基准点上架设三脚架，使三脚架的架头大致水平，将仪器安放在三脚架上，用脚螺旋使圆水准器气泡居中，在三脚架架头上平移仪器使对点器对准基点，此时长水准器的气泡仍应居中，否则，平移仪器或伸缩三脚架腿，使长水准器气泡居中，同时光学对点器也能对准基准点。

2）垂直测量

① 瞄准目标。在测量处安装方格形激光靶。旋转望远镜目镜至能清晰看见分划板的十字丝，旋转调焦手轮，使激光靶清晰地成像在十字丝上，此时眼睛作上、下、左、右移动，激光靶的像与十字丝无任何对应位移即无视差。

② 光学垂准测量。通过望远镜读取激光靶的读数，此数即

为测量值。欲提高测量精度可按下列方法进行：旋转度盘，对好度盘0°，读取并记下激光靶刻线读数，分别旋转仪器到90°、180°、270°，并分别读取激光靶刻度线读数，取上述四组读数的平均值为其测量值。

③ 激光垂准测量。按下激光开关，此时应有激光发出，直接读取激光靶上激光光斑中心处的读数，此值即为测量值。

第三节 高程测量基础知识

1. 三角高程测量、电磁波测距三角高程测量的原理是什么?

答：(1) 三角高程测量的原理

三角高程测量是根据两点间的水平距离和竖直角计算两点间的高差，然后来求出所求点的高程。

如图2-26所示，在M点安置仪器，用望远镜中丝瞄准N点觇标的顶点，测得竖直角α，并量取仪器高i和觇标高v，若测出M、N两点的水平距离D，则可求得M、N两点间的高差，即：

$$h_{MN} = D \cdot \tan\alpha + i - v$$

N点的高程为：

$$H_N = H_M + D \cdot \tan\alpha + i - v$$

三角高程测量一般应采用对向观测法，如图2-26所示，即由M向N观测称为直觇，再由N向M观测称为反觇，直觇和反觇称为对向观测。采用对向观测的方法可以减弱地球曲率和大气折光的影响。对向观测所求得的高差不应大于0.1D（D为水平距离，单位为km，其结果以m为单位）。取对向观测的高差中数为最后结果，即：

$$h_{中} = \frac{1}{2}(h_{MN} - h_{NM})$$

上式适用于M、N两点距离较近（小于300m）的三角高程测量，此时水准面可近似看成平面，视线视为直线。当距离超过 300m 时，就要考虑地球曲率及观测视线受大气折光的影响。

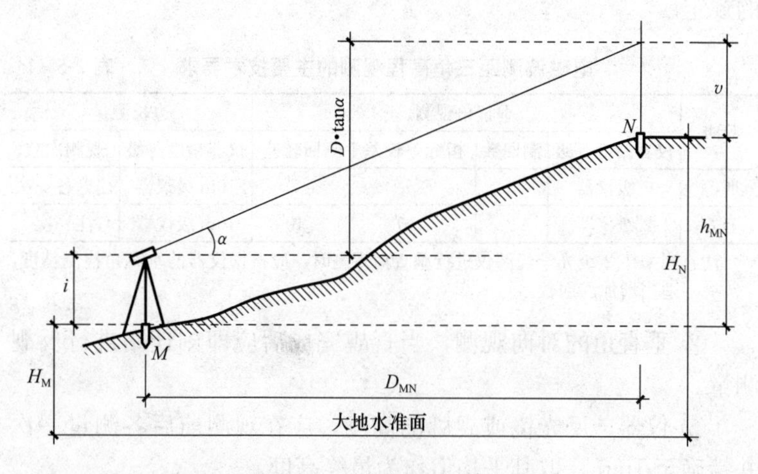

图 2-26　三角高程测量原理

（2）电磁波测距三角高程测量的原理

1）电磁波测距三角高程测量，宜在平面控制点的基础上布设三角形高程网或高程导线。

2）电磁波测距三角高程测量的主要技术要求，应符合表 2-4 的规定。

电磁波测距三角高程测量的主要技术要求　　表 2-4

等级	每千米高差全中误差（mm）	边长（km）	观测方式	对向观测高差较差（mm）	附合或环形闭合差（mm）
四等	10	⩽1	对向观测	$40\sqrt{D}$	$20\sqrt{\sum D}$
五等	15	⩽1	对向观测	$60\sqrt{D}$	$30\sqrt{\sum D}$

注：1. D 为测距边的长度（km）。

2. 起讫点的精度等级，四等应起讫于不低于三等水准点的高程点上，五等应起讫于不低于四等水准点的高程点上。

3. 线路长度不应超过相应起讫等级水准线路的长度限值。

3）电磁波测距三角高程观测的主要技术要求，应符合下列规定：

① 电磁波测距三角高程观测的主要技术要求，应符合表 2-5 的规定。

电磁波测距三角高程观测的主要技术要求　　表 2-5

等级	垂直角观测				边长测量	
	仪器精度等级	测回数	指标差较差	测回较差	仪器精度等级	观测次数
四等	2″级仪器	3	≤7″	≤7″	10m 级仪器	往返各一次
五等	2″级仪器	2	≤10″	≤10″	10m 级仪器	往一次

注：当采用 2″级光学经纬仪进行垂直角观测时，应根据仪器的垂直角检测精度，适当增加测回数。

② 垂直角的对向观测，当直觇完成后应即刻迁站进行反觇测量。

③ 仪器、反光镜或觇牌的高度，应在观测前后各测量一次并精确至 1mm，取其平均值作为最终高度。

4）电磁波测距三角高程观测的数据处理，应符合下列规定：

① 直反觇的高差，应进行地区曲率和折光差的改正。

② 平差前，应按规定计算每千米高差全中误差。

③ 各等级高程网，应按最小二乘法进行平差并计算每千米高差全中误差。

④ 高程成果的取值，应精确至 1mm。

2. GPS 拟合高程测量包括哪些内容？

答：GPS 拟合高程测量包括如下内容：

（1）GPS 拟合高程测量，仅适用于平原和丘陵地区的五等及以下等级高程测量。

（2）GPS 拟合高程测量宜与 GPS 平面控制测量一起进行。

（3）GPS 拟合高程测量的技术要求，应符合下列规定：

1）GPS 网应与四等或四等以上的水准点联测。联测的 GPS 点，宜分布在测区的四周和中央。若测区为带状地形，则联测的

GPS点应分布于测区的两端及中部。

2）联测点数，宜大于选用计算模型中未知参数个数的1.5倍，点间距宜小于10km。

3）地形高差变化较大的地区，应适当增加联测的点数。

4）地形趋势变化明显的大面积测区，宜采用分区拟合的方法。

5）GPS观测的技术要求，应按有关规定执行；其天线高应在观测前后各量测一次，取平均值作为最终高度。

（4）GPS拟合高程计算，应符合下列规定：

1）充分利用当地的重力大地水准面模型或资料。

2）应对联测的已知高程点进行可靠性检验，并剔除不合格点。

3）对于地形平坦的小面积测区，可采用平面拟合模型；对于地形起伏较大的大面积测区，宜采用曲面拟合模型。

4）对拟合高程模型应进行优化。

5）GPS的高程计算，不宜超出拟合高程模型所覆盖的范围。

（5）对于GPS拟合高程成果，应进行检验。监测点数不少于全部高程点的10％且不少于3个点；高差检验，可采用相应等级的水准测量方法或电磁波测距三角高程观测方法进行，其高差较差不应大于30 $\sqrt{D}$mm（D为检查路线的长度，单位为km）。

第四节　地籍测量基础知识

1. 什么是地籍测量？地籍测量的任务、特点、目的和基本精度要求各是什么？

答：（1）地籍测量

地籍测量是为了获取和表达地籍信息所进行的测绘工作。其内容是测定土地及其附着物的位置、权属界线、类型、面积等。

具体内容如下：

1）进行地籍控制测量，测试地籍基本控制点和地籍图根控制点。

2）测定行政区划界线和土地权属界线的界址点坐标。

3）测绘地籍图，测算地块和宗地面积。

4）进行土地信息的动态监测，进行地籍变更测量，包括地籍图的修测、重测和地籍簿册的修编，以保证地籍资料的现势性与正确性。

5）根据土地整理、开发与规划的要求，进行有关的地籍测量工作。

像其他测量工作一样，地籍测量也遵循一般的测量原则，即“先控制后碎部、从高级到低级、由整体到局部”的原则。

(2）地籍测量的任务

1）地籍控制测量。

2）对土地进行分类和编号。

3）土地权属调查、土地利用状况调查和界址调查。

4）地籍要素的测量、地籍图的编绘和面积量算。

5）变更地籍测量。

(3）地籍测量的特点

1）地形图测量测绘的对象是地物和地貌，地形图是以等高线表示地貌的。地籍图测量测绘的对象是土地及其附属物，是通过测量与调查工作来确定土地及其附属物的权属、位置、数量、质量和用途等状况，测绘的内容比较广泛。地籍图一般不表示高程。

2）地籍图中地物点的精度要求与地形图的精度要求基本相同，但是界址点的精度要求较高，如一级界址点相对于邻近图根控制点的点位中误差不超过±0.05m。若用图解的方法，根本达不到精度要求，需采用解析法测定界址点。此外，面积量算的精度要求也较高。

3）地籍测量的成果有地籍图、宗地图、界址点坐标册、面积量算表、各种地籍调查资料等，无论从数量上还是从产品的规格上，都比地形测量多。

4）地形图的修测是定期的，周期较长。而地籍图变更较快，任何一块地，当其权属、用途等发生变更时，应及时修测，以保持地籍资料的连续性和现势性。

5）地籍测量成果经土管部门确认后，便具有法律效力，而地形测量成果无此作用。

（4）地籍测量的目的

地籍测量的目的是获取和表达不动产的权属、位置、形状、数量等有关信息，为不动产产权管理、税收、规划、市政、环境保护、统计等多种用途提供定位系统和基础资料。

（5）地籍测量的基本精度要求

1）地籍控制点的精度。地籍平面控制点相对于起算点的点位中误差不超过±0.05mm。

2）界址点的精度。界址点的精度分为三级，地籍的选用应根据土地价值、开发利用程度和规划的长远需要而定。各级界址点相对于邻近控制点的点位误差和间距超过 50m 的相邻界址点间的间距误差不超过表 2-6 的规定；间距未超过 50m 界址点间的间距误差不应超过下式的计算结果。

$$\Delta D = \pm (m_j + 0.2 m_j D)$$

式中 m_j——相应等级界址点规定的点位中误差（m）；

D——相邻界址点间的距离（m）；

ΔD——界址点坐标计算的边长与实量边长较差的限差（m）。

界址点精度 **表 2-6**

界址点的等级	界址点相对于邻近控制点点位误差和相邻界址点间的间距误差限值	
	限差（m）	中误差（m）
一	±0.10	±0.05
二	±0.20	±0.10
三	⊥0.30	±0.15

3）建筑物角点的精度。需要测定建筑物角点的坐标时，建筑物角点坐标的精度等级和限差执行与界址点相同的标准；不要求测定建筑物角点坐标时应将建筑物按地籍图的精度要求表示于地籍图上。

4）地籍图的精度。地籍图的精度应优于相同比例尺地形图的精度。地籍图上坐标点最大展点误差不超过图上±0.1mm，其他物点相对于邻近控制点的点位中误差不超过图上的±0.5mm，相邻地物点之间的间距中误差不超过图上±0.4mm。

2. 地籍调查的基本内容、基本要求各是什么?

答：(1) 地籍调查的基本内容

地块权属、土地利用类别、土地等级、建筑物状况等。

(2) 地籍调查的基本要求

1）地籍因素调查以地块为单元进行。

2）调查前应收集有关测绘、土地划拨、地籍档案、土地等级评估及标准地名等资料。

3）调查内容应逐一填记在调查表或地籍测量草图中，如表 2-7所示。

地籍调查表 **表 2-7**

<table>
<tr><td colspan="2">权属主（单位或个人）</td><td colspan="4"></td><td colspan="2" rowspan="2">住址</td><td colspan="4"></td></tr>
<tr><td colspan="2">法人或代理人</td><td colspan="4"></td><td colspan="4"></td></tr>
<tr><td colspan="2">地块坐落</td><td colspan="4"></td><td colspan="2">所在图幅</td><td colspan="4"></td></tr>
<tr><td colspan="2">四至</td><td colspan="10"></td></tr>
<tr><td colspan="2">地块预编号</td><td></td><td colspan="2">地块编号</td><td></td><td colspan="2">利用类别</td><td colspan="2"></td><td colspan="2">土地等级</td></tr>
<tr><td colspan="2">权属性质</td><td colspan="6"></td><td colspan="4"></td></tr>
<tr><td rowspan="3">建筑物状况</td><td>幢号</td><td colspan="2">(1)</td><td>(2)</td><td colspan="2">(3)</td><td>(4)</td><td>(5)</td><td colspan="2">(6)</td><td>(7)</td></tr>
<tr><td>层数</td><td colspan="2"></td><td></td><td colspan="2"></td><td></td><td></td><td colspan="2"></td><td></td></tr>
<tr><td>结构</td><td colspan="2"></td><td></td><td colspan="2"></td><td></td><td></td><td colspan="2"></td><td></td></tr>
<tr><td colspan="2">公用土地情况</td><td colspan="10"></td></tr>
</table>

续表

界址点（线）情况																
界址点号	界标类型					界标间距	界址线类别				界址线位置			指认界限人		
	钢钉	混凝土	石灰柱	喷涂			墙壁	围墙			内	中	外	本地块	相邻地块	
															块地号	指界者
调查记事																

调查者：________ 调查日期：______年______月______日

3. 怎样进行地块编号？怎样进行地块权属调查？

答：地块是地籍的最小单元，是地球表面上一块有边界、有确定权属主和利用类别的土地。一个地块只属于一个产权单位，一个产权单位可包含一个或多个地块。

（1）地块的编号

1）地块编号按省、市、区（县）、地籍区、地籍子区、地块六级编立。

2）地籍区是以市行政建制区的街道办事处或镇（乡）的行政辖区为基础划定；根据实际情况，可以街坊为基础将地籍区再划分为若干个地籍子区。

3）编号方法。省、市、区（县）的代码采用《中华人民共和国行政区划代码》GB/T 2260规定的代码。

地籍区和地籍子区均以两位自然数字从01～99依序编列；当未划分地籍子区时，相应的地籍子区编号用“00”表示，在此情况下地籍区也代表地籍子区。

地块编号以地籍子区为编号区，采用5位自然数字从00001～99999依序编列；以后新增地块接原编号顺序连续编立。

（2）地块权属调查

地块权属是指地块所有权或使用权的归属。

1）调查内容。地块权属调查包括地块权属性质、权属主名称、地块坐落和四至，以及行政区域界限和地理名称。

2）界址点、线的调查。界址点、线的调查是依据有关条件和法律文件，地对地块界址点、线进行识别。

4. 怎样进行土地类别、土地等级和建筑物状况调查？

答：（1）土地类别调查

1）土地类别。分类标准参见国家、省、自治区、直辖市和地方人民政府土地管理部门发布的标准。

2）调查方法。①土地利用类别调查以地块为单位调记一个主要的利用类别。综合使用的楼房按地坪上第一层的主要利用类别调记，如第一层为车库，可按第二层利用类别调记。②地块内如有几个土地利用类别时，以地类界符号标出分界线，分别调查利用类别。

（2）土地等级调查

1）土地标准等级。土地标准等级执行当地有关部门制定的土地等级标准。

2）调查方法。①土地等级调查在地块内调记，地块内土地等级不同时，则按不同土地等级分别调记。②对尚未制定土地等级标准的地区，暂不调记。

（3）建筑物状况调查

此项调查主要包括地块内建筑物的结构和层数。

1）建筑物结构。建筑物结构根据建筑物的梁、柱、墙等主要承重体系和构件所采用的建筑材料划分为钢结构、钢及钢筋混凝土结构、钢筋混凝土结构、砌体结构（混合结构）、砖木结构、其他结构等。

2）建筑物层数。通常指建筑物自然层数，从室内地坪以上计算，采光窗在地坪以下的半地下室且高度在 2.2m 以上的算层数。地下室、假层、附层（夹层）、假楼（暗楼）、装饰性塔楼不算层数。

第五节　地形图测量基本知识

1. 地形图、地形图的比例尺、地形图的分幅和编号各包括哪些内容？

答：（1）地形图

地球表面的物种可分为地物和地貌两大类。地物是指地球表面上轮廓明显，具有规定性的物体，如人为地物（道路、房屋等）和自然地物（江河、湖泊等）。地貌是指地面高低起伏的形态（如高山、丘陵、平原、洼地等）。地物和地貌通称地形。

地形图就是将地面上一系列地物和地貌特征点的位置，通过综合取舍，垂直投影到水平面上，按一定比例缩小，并使用统一规定的符号绘制成的图纸。地形图不但表示地物的平面位置，还用特定符号和高程注记表示地貌情况。地形图客观地反映了地面的实际情况，可在图上量取数据，获取资料，为设计和应用提供方便。大比例尺的地形图是进行规划、设计和应用的重要基础资料。

（2）地形图的比例尺

1）表示方法。地形图上任一线段的长度 d 与地面上相应线段的实际距离 D 之比，称为地形图比例尺。地形图比例尺通常用分子为 1 的分数式 $1/M$ 来表示，其中“M”称为比例尺分母。显然可得：

$$\frac{d}{D}=\frac{1}{M}=\frac{1}{D/d}$$

式中，M 越小，比例尺越大，图上表示的地物、地貌越详尽；相反，M 越大，比例尺越小，图上表示的地物、地貌越粗略。

2）分类。①数字比例尺，它是在地形图上直接用数字表示的比例尺，如上所述，用 $1/M$ 表示的比例尺。数字比例尺一般标注在地形图下方中间部位。②图式比例尺，它常绘制在地形图的下方，用以直接量度图内直线的水平距离，根据量测精度又可分为直线比例尺和复式比例尺。采用图式比例尺表示的优点是量距直接、方便，不需要再进行换算，比例尺随图纸按同一比例伸缩，从而明显减少因图纸伸缩引起的量距误差。地形图绘制时所采用的三棱比例尺也属于图式比例尺。

3）比例尺精度

地形图上 0.1mm 所代表的实际水平距离，称为比例尺精度。比例尺精度＝0.1mm×比例尺分母。

几种常用大比例尺地形图的比例尺精度，如表 2-8 所列。从表中可以看出，比例尺越大，其比例尺精度越小，地形图的精度就越高。

大比例尺地形图的比例尺精度　　表 2-8

比例尺	1∶500	1∶1000	1∶2000	1∶5000
比例尺精度	0.05	0.10	0.20	0.50

4）地形图测图比例尺的选用

地形图测图比例尺可根据工程的设计阶段、规模大小和管理需要，按表 2-9 选用。

测图比例尺的选用　　表 2-9

比例尺	用　途
1∶5000	可行性研究、总体规划、厂址选择、初步设计等
1∶2000	可行性研究、初步设计、矿山总图管理、城镇详细规划等
1∶1000	初步设计、施工图设计；城镇、工矿总图管理；竣工验收
1∶500	

注：1. 对于精度要求较低的专用地形图，可按小一级比例尺地形图的规定进行测绘或利用小一级比例尺地形图放大成图。
2. 对于局部施测大于 1∶500 比例尺的地形图，除另有要求外，可按 1∶500 地形图测量的要求执行。

（3）地形图的分幅和编号

为了方便测绘、管理和使用地形图，需要将各种比例的地形图进行统一的分幅与编号，并注在地形图上方的中间位置。地形图的分幅和编号，应满足下列要求：

1）地形图的分幅，可采用正方形和矩形方式。

2）图幅的编号，宜采用图幅西南角坐标的千米数表示。

3）带状地形图或小测区地形图可采用顺序编号。

4）对于已施测过地形图的测区，也可沿用原有的分幅和编号。

2. 地形及地形图怎样分类？地形图的其他要素有哪些？

答：（1）地形分类

地形按地面倾角（α）的大小，可分为平坦地、丘陵地、山地、高山地。

1）平坦地。$\alpha \leqslant 3°$。

2）丘陵地。$3° \leqslant \alpha < 10°$。

3）山地。$10° \leqslant \alpha < 25°$。

4）高山地。$\alpha \geqslant 25°$。

（2）地形图分类

地形图分为数字地形图和纸质地形图，其特征见表 2-10。

地形图分类特征　　表 2-10

特征	分类	
	数字地形图	纸质地形图
信息载体	适合计算机存取的介质等	纸质
表达方法	计算机可识别的代码系统和属性特征	画线、颜色、符号、注记等
数字精度	测量精度	测量及图解精度
测绘产品	各类文件：如原始文件、成果文件、图形信息数据文件等	纸图，必要时附细部点成果表
工程应用	借助计算机及外部设备	结合作图

（3）地形图的其他要素

1）图廓。图廓是地形图的边界线，由内、外图廓线组成。外图廓线是一幅图的最外边界线，以粗实线表示；内图廓线是测量边界线，是图幅的实际范围，内图廓线之内绘有 10cm 间隔互相垂直交叉的 5mm 短线，称为坐标格网线。内图廓线间隔 12mm，其间注明坐标轴。

2）图名。通常以图幅内最著名的地名、厂矿企业或村庄的名称作为图名。

3）图号。保管和使用地形图时，为使图纸有序存放、检索和使用而将地形图按统一规定进行编号。大比例尺地形图通常是以该图幅西南角的纵、横坐标千米数编号。当测区较小且只测一种比例尺图时，通常用数字顺序编号，数字编号的顺序是由左到右，由上到下顺序编号。图号注记在图名的正下方。

4）接图表。接图表是本图幅与相邻图幅之间位置关系的示意简表，表上注有邻接图幅的图名或图号，读图或用图时根据接图表可迅速找到与本图幅相邻的有关地形图，并可用它来拼接相邻图幅。

5）注记。在外图廓线之外，应当注记测量所使用的平面坐标系统、高程系统，以及比例尺、绘制单位、测绘者、测绘日期等。

3. 地形图测图前的准备工作有哪些？

答：地形图测图前的准备工作包括：

（1）地形图测绘开始前应做好如下工作：

1）编写技术设计书。

2）抄录控制点平面及高程成果。

3）在原图纸上绘制图廓线和展绘所有控制点。

4）检查和校正仪器。

5）踏勘了解测区的地形情况，平面和高程控制点的位置及完好情况。

6）拟定作业计划。

（2）测图使用的工具和仪器应符合以下规定：

1）测量仪器视距乘常数应在 100±0.1 以内。直接量距使用的皮尺等除测图前检验外，作业过程中还应经常检验。测图中测量仪器视距乘常数不等于 100，或量距的尺长改正引起的量距误差在图上大于 0.1mm 时，应加以改正。

2）垂直度盘指标差不应超过±2′。

3）比例尺尺长误差不应超过 0.2mm。

4）量角器直径不应小于 20cm，偏心差不应大于 0.2mm。

5）坐标展点器的刻划误差不应超过 0.2mm。

（3）地形图应充分利用控制点和图根点。当图根点密度不足时，除应用内外分点法（外分点不应超过后视长度）外，还可根据具体情况采用图解交会或图解支点等方法增补测绘站点。

（4）测地形图时，仪器的设置及测站的检查应符合下列规定：

1）仪器对中的偏差，不应大于图上 0.05mm。

2）以较远的一点标定方向，用其他点进行检核。采用平板仪测绘时，检核偏差不应大于图上 0.3mm；采用经纬仪测绘时，其角度检测值与原角值之差不应大于 2′。每站测图过程中，应随时检查定向点方向。采用平板仪测绘时，偏差不应大于图上 0.3mm；采用经纬仪测绘时，归零差不应大于 4′。

3）检查另一测站高程，其较差不应大于 1/5 基本等高距。

4）采用量角器配合经纬仪测图，当定向边长在图上短于 10cm 时，应以正北或正南方向做起始方向。

（5）平板测图的视距长度，不应超过表 2-11 的规定。

平板测图的最大视距长度　　　　表 2-11

比例尺	最大视距长度（m）			
	一般地区		城镇建筑区	
	地物	地形	地物	地形
1∶500	60	100	—	70
1∶1000	100	150	80	120
1∶2000	180	250	150	200
1∶5000	300	350	—	—

注：1. 垂直角超过±10°范围时，视距长度应适当缩短；平坦地区成像清晰时，视距长度可以放长 20%。

2. 城镇建筑区宜用 1∶500 比例尺测图，测站至地物点的距离应实地丈量。

3. 城镇建筑区宜用 1∶5000 比例尺测图，不宜采用平板测图。

4. 地形图测量的基本精度要求有哪些?

答：(1) 地形图上地物点相对于邻近图根点的点位中误差，不要超过表 2-12 的规定。

地形图上地物点的点位中误差　　表 2-12

区域类型	点位中误差（mm）
一般地区	0.8
城镇建筑区、工矿区	0.6
水域	1.5

注：1. 隐蔽或施测困难的一般地区测图，可放宽 50%。
2. 1∶500 比例尺水域测图、其他比例尺的大面积平坦水域或水深超出 20m 的开阔水域测图，根据具体情况，可放宽至 2.0mm。

(2) 等高（深）线的插求点或数字高程模型格网点对于邻近图根点的高程中误差，不应超过表 2-13 的规定。

等高（深）线的插求点或数字高程模型格网点的高程中误差　　表 2-13

	地形类别	平坦地	丘陵地	山地	高山地
一般地区	高程中误差（m）	$\frac{1}{3}h_d$	$\frac{1}{2}h_d$	$\frac{2}{3}h_d$	$1.0h_d$
水域	水底地形倾角 α	$\alpha<3°$	$3°\leqslant\alpha<10°$	$10°\leqslant\alpha<25°$	$\alpha\geqslant25°$
	高程中误差（m）	$\frac{1}{2}h_d$	$\frac{2}{3}h_d$	$1.0h_d$	$1.5h_d$

注：1. h_d 为地形图的基本等高距（m）。
2. 对于数字高程模型，h_d 的取值应乘以模型比例尺和地形类别按表 2-13 取值。
3. 隐蔽或施测困难的一般地区测图，可放宽 50%。
4. 当作业困难、水深大于 20cm 或工程精度要求不高时，水域测图可放宽 1 倍。

(3) 工矿区细部坐标点的点位和高程中误差，不应超过表 2-14的规定。

工矿区细部坐标点的点位和高程中误差　　表 2-14

地物类别	点位中误差（cm）	高程中误差（cm）
主要建（构）筑物	5	2
一般建（构）筑物	7	3

(4) 地形点的最大点位间距，不应超过表 2-15 的规定。

地形点的最大点位间距 (m) 表 2-15

比例尺		1∶500	1∶1000	1∶2000	1∶5000
一般地区		15	30	50	100
水域	断面间	10	20	40	100
	断面上测点间	5	10	20	50

注：水域测图的断面间距和断面的测点间距，根据地形变化和用图要求，可适当加密和放宽。

(5) 地形图上高程点的注记，当基本等高距为 0.5m 时，应精确至 0.01m；当基本等高距大于 0.5m 时，应精确至 0.1m。

5. 地形图图式和地形图要素分类代码怎样使用?

答：地形图图式和地形图要素分类代码的使用，应满足下列要求：

(1) 地形图图式，应采用现行国家标准《国家基本比例尺地图图式 第 1 部分：1∶500 1∶1000 1∶2000 地形图图式》GB/T 20257.1 和《国家基本比例尺地图图式 第 2 部分：1∶5000 1∶10000 地形图图式》GB/T 20257.2。

(2) 地形图要素分类代码，宜采用现行国家标准《基础地理信息要素分类与代码》GB/T 13923。

(3) 对于图式和要素分类代码的不足部分可自行补充，并应编写补充说明。对于同一个工程或区域，应采用相同的补充图式和补充要素分类代码。

6. 地物平面图测量法包括哪些内容?

答：地物在地形图上的表示原则：凡是能以比例尺表示的地物，将它们轮廓的几何形状表示在图上，边界内再加绘相应的地物属性符号，例如，房屋的结构和层数、耕地和树林的种类等符号。对于面积较小、不能以比例尺表示的地物，则测定其中心点位置，在地形图上以相应的地物符号来表示，如导线点、水准点、界址点、电线杆、消火栓、水井等。

必须根据规定的测图比例进行地物的测绘，按规范和图式的要求，经过综合取舍，将各种地物布设在图上，并严格遵守政府测绘主管部门制定的各种比例尺的材料规范和地形图的图式。

地物测绘主要是将地物几何形状的特征点测定下来。例如：地物轮廓的转折点、交叉点、曲线上的曲率变化点、独立地物的中心点等。连接相应的特征点，便得到与实际地物相似的图形。除形状外，还应记录和表示其属性，例如，房屋的结构和层数、公路的等级和路面材料属性。

对于居民地测绘，外部轮廓应准确测绘，其内部的主要街道以及较大空地应区分开来。对散列式的居民地、独立房应分别测绘。

固定建筑物应实测墙基外角，并注明结构和层次。房屋附属设施，如廊、建筑物下的通道、台阶、室外扶梯、围墙、门墩和支柱等，应按实际测绘。起境界作用的栅栏、栏杆、篱笆、活树篱笆、铁丝网等应绘制。

7. 高程点测定应符合哪些要求？注记包括哪些内容？

答：(1) 高程点测定要求

在平坦地区和地物平面图上，主要表示出地物平面位置的相互关系，但地面各处仍有一定高差，因此还需要在平面图上加测某些高程注记点，即高程。对于高程点测定，应符合以下要求：

1) 高程点的间距。在平坦地面的高程点分布，其间距在图上以 5～7cm 为宜，如遇地面起伏变化较大时，应适当加密。

2) 居民地高程点。在建成区街坊内部空地及广场内的高程，应设在该地块内能代表一般地面的适中位置；如空地范围较大，应按规定间距测定。

3) 农田高程点的布设。在倾斜起伏的旱地上，应设在高低变化处及制高部位的地面上；在平坦田块上，应选择有代表性的位置测定其高程。

4）高低显著的地形，如高地、土堆、洼地及高地田坎等，其高差在0.5m以上者，均应在高处、低处分别测定高程，并测定其范围。

（2）注记

注记是地形图的主要内容之一，是判读和使用地形图的直接依据，注记对应于各种地物的名称、尺寸和数量。

名称的注记必须用国务院公布的简化汉字，各种注记的字义、字体、字级、字向、字序、字位应根据图式的规定，准确无误，字间隔应均匀，宜根据所指地物的面积和长度妥善处理。

注记的排列形式包括水平字列、垂直字列、雁行字列及屈曲字列四种。

1）水平字列。各字中心线平行于南、北图廓，由左向右排列。

2）垂直字列。各字中心线垂直于南、北图廓，自上而下排列。

3）雁行字列。各字中心边线应为直线，且斜交于南、北图廓。

4）屈曲字列。各字字边应垂直或平行于线状地物，且以线状地物的弯曲形状而排列。

注记的字向一般为正向，即字头朝北图廓。对于雁行字列，如果字中心连线与南、北图廓的交角小于45°，则字向垂直于连线；如果交角大于45°，则字向平行于连线；道路名、弄堂名和门牌号等应按光线法则进行注记。

8. 什么是等高线？什么是等高距与等高线平距？

答：（1）等高线

等高线是地面上高程相等的各相邻点连成的闭合曲线。设有一高地被等间距的水平面所截，各水平面与高地相交的截线，就是等高线。将各水平面上的等高线沿铅垂方向投影到一个水平面上，并按规定的比例尺缩绘到图纸上，便得到用等高线来表示的该高地的地貌图。

（2）等高距

相邻两条等高线之间的高差称为等高距，用 h 表示。在同一副图内，等高距一定是相同的。等高距的大小是根据地形图的比例尺、地面坡度及用图目的而选定的。等高线的高程必须是所采用的等高距的整数倍。地形图中基本等高距，应符合表 2-16 的规定。

地形图的基本等高距（m） **表 2-16**

地形类别	比例尺			
	1∶500	1∶1000	1∶2000	1∶5000
平坦地	0.5	0.5	1	2
丘陵地	0.5	1	2	5
山地	1	1	2	5
高山地	1	1	2	5

注：1. 一个测区同一比例尺，宜采用一种基本等高距。
2. 水域测图的基本等深距，可按水底地形倾角比照地形和测图比例尺选择。

（3）等高线平距

相邻等高线之间的水平距离，称为等高线平距，用 d 表示。在不同地方等高线平距不同，它取决于地面坡度的大小，地面坡度大，等高线平距就小；相反，坡度小，等高线平距就大；若地面坡度均匀，则等高线平距相等。

9. 等高线怎样分类？等高线的特性有哪些？

答：（1）等高线的分类

1）基本等高线。基本等高线是按基本等高距测绘的等高线（称首曲线），通常在地形图中用细实线描绘。

2）加粗等高线。为了计算高程方便，每隔 4 条首曲线（每 5 倍等高距）加粗描绘一条等高线，叫做加粗等高线，又称计曲线。

3）半距等高线。当首曲线不足以显示局部地貌特征时，可以按1/2基本等高距描绘等高线，叫半距等高线，又称间曲线。以长曲线表示，描绘时可不闭合。

4）辅助等高线。当首曲线和间曲线仍不足以显示局部地貌特征时，还可以按1/4基本等高距描绘等高线，叫辅助等高线，又称辅助曲线。常用短虚线表示，描绘时也可不闭合。

（2）等高线的特性

1）同一条等高线上各点的高程必相等。

2）等高线为一闭合曲线，如不在本幅图内闭合，则在相邻的其他图幅内闭合。但间曲线和助曲线作为辅助线，可以在图幅内中断。

3）除悬崖、峭壁外，不同高程的等高线不能相交。

4）山脊与山谷的等高线与山脊线和山谷线成正交关系，即过等高线和山脊线或山谷线的交点作等高线的切线，始终与山脊线或山谷线垂直。

5）在同一图幅内，等高线平距的大小与地面坡度成反比。平距大，地面坡度缓；平距小，地面坡度陡；平距相等，则坡度相同。倾斜地面上的等高线是间距相等的平行直线。

10. 图根控制测量的一般规定有哪些？

答：图根控制测量的一般规定包括以下内容：

（1）图根平面控制和高程控制测量可同时进行，也可分别施测。图根点相对于邻近等级控制点的点位中误差不应大于图上0.1mm，高程中误差不应大于基本等高距的1/10。

（2）对于较小测区，图根控制可作为首级控制。

（3）图根点点位标志宜采用木（铁）桩，当图根点作为首级控制或等级点稀少时，应埋设适当数量的标石。

（4）解析图根点的数量，一般地区不宜少于表2-17的规定。

一般地区解析图根点的数量　　　　表 2-17

测图比例尺	图幅尺寸（cm）	解析图根点数量（个）		
		全站仪测图	GPS-RTK 测图	平板测图
1∶500	50×50	2	1	8
1∶1000	50×50	3	1～2	12
1∶2000	50×50	4	2	15
1∶5000	40×40	6	3	30

注：表中所列数量，是指施测该幅图可利用的全部解析控制点的数量。

（5）图根控制测量内业计算和成果的取位，应符合表 2-18 的规定。

内业计算和成果的取位要求　　　　表 2-18

各项计算修正值（″或 mm）	方位角计算值（″）	边长及坐标计算值（m）	高程计算值（m）	坐标成果（m）	高程成果（m）
1	1	0.001	0.001	0.01	0.01

11. 图根高程控制包括哪些内容？

答：图根高程控制包括如下内容：

（1）图根高程控制，可采用图根水准、电磁波测距三角高程等测量方法。

（2）图根水准测量，应符合下列规定：

1）起算点的精度，不应低于四等水准高程点。

2）图根水准测量的主要技术要求，应符合表 2-19 的规定。

图根水准测量的主要技术要求　　　　表 2-19

每千米高差全中误差（mm）	附合路线长度（km）	水准仪型号	视线长度（m）	观测次数		往返较差、附合或环线闭合差（mm）	
				附合或闭合线路	支水准线路	平地	山地
20	≤5	DS10	≤100	往一次	往返各一次	$40\sqrt{L}$	$12\sqrt{n}$

注：1. L 为往返测段、附合或环线水准路线的长度（km）；n 为测站数。
　　2. 当水准路线布设成支线时，其路线长度不应大于 2.5km。

（3）图根电磁波测距三角高程测量，应符合下列规定：

1）起算点的精度，不应低于四等水准高程点。

2）图根电磁波测距三角高程测量的主要技术要求，应符合表 2-20 的规定。

图根电磁波测距三角高程测量的主要技术要求　表 2-20

每千米高差全中误差（mm）	附合路线长度（km）	仪器精度等级	中丝法测回数	指标差较差（″）	垂直角较差（″）	对向观测高差较差（mm）	闭合或环形闭合差（mm）
20	≤5	6″级仪器	2	25	25	$80\sqrt{D}$	$40\sqrt{\Sigma D}$

注：D 为电磁波测距边的长度（km）。

3）仪器高和觇标高的量取，应精确至 1mm。

12. 怎样进行图根平面控制？

答：（1）图根平面控制，可采用图根导线、极坐标法、边角交会法和 GPS 测量等方法。

（2）图根导线测量，应符合下列规定：

1）图根导线测量应采用 6″级仪器测定水平角。其主要技术要求，不应超过表 2-21 的规定。

图根导线测量的主要技术要求　表 2-21

导线长度（m）	相对闭合差	测角中误差（″）		方位角闭合差（″）	
		一般	首级控制	一般	首级控制
$\leqslant \alpha \times M$	$\leqslant 1/(2000\times\alpha)$	30	20	$60\sqrt{n}$	$40\sqrt{n}$

注：1. α 为比例系数，取值宜为 1，当采用 1∶500、1∶1000 比例尺测图时，其值可在 1～2 之间选用。

2. M 为测图比例尺的分母，但对于工矿区现状图测量，不论测图比例尺大小，M 均应取值 500。

3. 隐藏或施测有困难地区导线相对闭合差可放宽，但不应大于 $1/(1000\times\alpha)$。

2）在等级点下加密图根控制时，不宜超过二次附合。

3）图根导线的边长，宜采用电磁波测距仪单向施测，也可采用钢尺单向丈量。

4）图根钢尺量距导线，还应符合下列要求：

① 对于首级控制，边长应进行往返丈量，其较差的相对误差不应大于1/4000。

② 量距时，当坡度大于2%、温度超过钢尺检定温度±10℃或尺长修正大于1/10000时，应分别进行坡度、温度和尺长的修正。

③ 当导线长度小于规定长度的1/3时，其绝对闭合差不应大于图上0.3mm。

④ 对于测定细部坐标点的图根导线，当长度小于200m时，其绝对闭合差不应大于13cm。

（3）对于难以布设附合导线的困难地区，可布设成支导线。支导线的水平角观测可用6″级经纬仪施测左、右角各1个测回，其圆周角闭合差不应超过40″。边长应往返测定，其较差的误差不应大于1/3000。支导线平均边长及边数，不应超过表2-22的规定。

图根支导线平均边长及边数　　表2-22

测图比例尺	平均边长（m）	导线边数
1∶500	100	3
1∶1000	150	3
1∶2000	250	4
1∶5000	350	4

（4）极坐标法图根测量，应符合下列规定：

1）宜采用6″级全站仪或6″级经纬仪加电磁波测距仪，角度距离1测回测定。

2）极坐标法图根点测量限差，不应超过2-23的规定。

极坐标法图根点测量限差　　表2-23

半测回归零差（″）	两个半测回角度较差（″）	测距读数较差（mm）	正倒镜高程较差（m）
≤20	≤30	≤20	$\leqslant h_d/10$

注：h_d为基本等高距（m）。

3）测设时，可与图根导线或二级导线一并测设，也可在等级控制点上独立测设。独立测设后的视点，应为等级控制点。

4）在等级控制点上独立测设时，也可直接测定图根点的坐标和高程，并将上、下两个半测回的观测值取平均值作为最终观测成果，其点位误差应满足要求。

5）极坐标法图根点测量的边长，不应大于表2-24的规定。

极坐标法图根点测量的最大边长　　　表2-24

比例尺	1∶500	1∶1000	1∶2000	1∶5000
最大边长（m）	300	500	700	1000

6）使用时应对观测成果进行充分校核。

（5）图根解析补点，可采用有校核条件的测边交会、测角交会、边角交会或内外分点等方法。当采用测边交会和测角交会时，其交会角应在30°～150°之间，观测限差应满足表2-23的要求，分组计算所得坐标较差，不应大于图上0.2mm。

（6）GPS图根控制测量，宜采用GPS-RTK方法直接测定图根点的坐标和高程。GPS-RTK方法的作业半径不宜超过5km，对每个图根点均应进行同一参考站或不同参考站下的两次独立测量，其点位较差不应大于图上0.1mm，高程较差不应大于基本等高距的1/10。

13. 地形图测绘包括哪些内容？

答：地形图测绘包括如下内容：

（1）图根控制测量

图根控制测量采用动态GPS-RTK法。图根控制点按城市测量规范要求布设，密度要求根据测图范围内建筑物的疏密程度和通视条件而定，且应满足地形要素测绘需要。采用动态GPS-RTK法时，应满足GPS规程的相关要求。图根点相对于起算点的点位中误差不应超过±20cm。高程中误差不应超过±10cm。

(2) 居民地

设计路中线两侧 150m 内和互通处居民地详测，测绘居民地时，房屋的外轮廓以墙基为准，并按照建筑材质分类，二层以上的房屋注记层数。临时建筑不表示，图上宽度小于 0.5mm 的小巷不表示。建筑物轮廓凹凸在图上小于 0.4mm、简单房屋小于 0.6mm 时用直线连接，居民地、重要公共建筑、河流、湖泊、山岭以及其他重要地物的名称均调查登记。注记选择适当位置，不覆盖重要的地物、地貌。

(3) 水系及其附属建筑物

测绘水系时，注记水面以下的高程及淤泥深，其密度和精度适当放宽。对水深大于 1m 或水面宽度大于 5m 的河流，水位点分布在水位变化较大处（如浅滩上下、拦河坝等)、河流汇合处、城镇和大居民地、桥梁、渡口附近以及其他特征性地点处，图上相距 10～15cm 测注水位点一个。靠近图廓处也测注水位点，小河、溪沟和渠道尽可能适当测注河底、渠底高程。注意保留水利水电建设的地物和方位物，并能反映出该地区的地理特征。水塘不表示水晕线，只注“塘”字。

(4) 道路和管道

道路、河流、水渠、大堤垄等线状地物，其宽度在 1m（含 1m）以上时，依比例尺测绘双线，在 1m 以下时沿中心线测绘单线。地下管线在地面上的标桩全部表示并注明走向。所穿过的有铺面的公路全部注明其连接或通向的村镇名及公路名称、代号。线状地物如路边线与路堤、路堑等分别表示，不共线。如果是不规则的路、堤则按照实际平均宽度用平行线表示。

1）各种道路均按相应等级表示，注明材质。当路的材质变化时，用地类界分开，并在两侧分别注明材质，单位院内按内部道路表示。公路每 10～15cm 注记一高程点。

2）砖石、混凝土结构桥梁按双线桥符号表示。道路为立体交叉或高架道路时，全部测绘桥位、匝道与绿地等，垂直挡土墙绘实线不绘挡土墙符号。

3）路堤、路堑按实际宽度绘出边界，并在其坡顶、坡角适当注记高程。

4）过河桥梁实测桥头、桥身、桥墩和桥上人行道。

5）根据提供的相关资料，将测图范围内的地下管线等的位置、编号标注到图上，然后到实地进行核实。

（5）送电线路和通信线路

送电线路、通信线路、变压器和架设在地面上或其中一段埋在地下的管道，均测绘到图上。地下的线路或管道，在图上以虚线表示。带状图中所穿过的高压线（110kV），除表示其走向外还应注明伏数、线号、竿或塔号等数据。

（6）独立地物

工矿建筑物及其他设施的测绘，应在图上准确表示其位置、形状和性质特征。依比例尺实测其外部轮廓，并配置符号或按图式规定用依比例尺符号表示；不依比例尺表示的，准确测定其定位点或定位线。独立坟单独表示，散坟用地类界圈出并注记个数。除说明中规定按照真方向表示外，其他均垂直于底图廓。

（7）地貌、土质和植被测绘

当测区地物过于繁杂时，测绘过程中进行适当取舍。当地物符号密集以致不能全部容纳时，重要的符号不应改变其位置；次要的符号略为移动或缩小，但保持相应位置特征；个别的次要符号省略不绘。陡坎、斜坡、梯田坎、垄等，当图上长度大于10mm时，比高在0.5m以上的全部测绘。测绘地貌时先测注高程再测等高线，图内高程点的密度实地为20m/点，以满足数字高程模型的需要。高程值保留小数点后两位，高程注记文字Z值与高程一致。高程注记点选在明显的地物点、地形点，一、二类方位物上，如水塔、烟囱、桥梁、道路中心、道路交叉点、建筑物墙基角、土堤、干沟图上每10～15cm注记一高程点，高地、凹地、土堆或坑穴测注顶底高程，坑穴较大时绘制等高线。注记植被性质。图内大面积旱地不绘符号，图外附注：图内未绘植被符号者均为旱地。地貌用等高线配合地貌符号和高程注记点表示。测区内如下的土质、植被要素，在地形图上全部绘出：田地、果园和苗圃、草地、荒地和芦苇地、灌木丛和沙地。面积在图上大于1cm^{2}且有经济价值的土质植被用地类界绘出范围。农作物或经济作物地以及水生植物地等，只有比较固定的才用作物符号表示。对经常轮换种植作物的地块可只按水田和旱地区分表示。

14. 地形图的修测步骤有哪些?

答：地形图的修测步骤如下：

根据在指定修测区布设的一级导线，完成修测工作，所用仪器为徕卡TC407。修测前的注意事项如下：

（1）修测前，应了解原图的测绘方法及施测质量，收集有关资料，到实地对修测范围内的地物、地貌进行全面巡视，从而制定修测方案。

（2）修测可依据原图中测有坐标的固定地物点，也可根据已布控制网，在其基础上适当加密进行设站测量。在此，要求测量人员根据现场情况灵活掌握设站方式。

（3）当局部地区地物变化不大时，可利用原有经过校核、位置准确的地物点进行装测或设站修测。修测后地物与邻近原有地物之间的距离不得超过图上±0.4mm。修测后的地物不应再作为修测新地物的依据。

（4）当地物变动面积较大或周围地物关系控制不足，以及在补测新建的住宅楼群或独立的高大建筑物时，应先补设图根控制点再进行修测。

（5）发现原图有错误的地方应进行纠正，确保图纸的正确性与现势性。

（6）注意将修测得到的各种要素分门别类地归并到原1：5000电子地图的各个图层上，并与原图形建立正确合理的连接关系，进行装测或设站修测。修测后地物与邻近原有地物之间的距离不得超过图上±0.4mm。

15. 平面控制测量网的建立一般规定包括哪些内容?

答：平面控制测量网的建立一般规定包括如下内容：

（1）平面控制网的建立，可采用卫星定位测量、导线测量、三角形网测量等方法。

（2）平面控制网精度等级的划分，卫星定位测量控制网依次为二、三、四等和一、二级，导线及导线网依次为三、四等和一、二、三级，三角形网依次为二、三、四等和一、二级。

（3）平面控制网的布设，应遵循下列原则：

1）首级控制网的布设，应因地制宜且适当考虑发展；当与国家坐标系统联测时，应同时考虑联测方案。

2）首级控制网的等级，应根据工程规模、控制网的用途和精度要求合理确定。

3）加密控制网，可越级布设或同等级扩展。

（4）平面控制网的坐标系统，应在满足测区内投影长度变形不大于2.5cm/km的要求下，作下列选择：

1）采用统一的高斯投影3°带平面直角坐标系统。

2）采用高斯投影3°带，投影面为测区抵偿高程面或测区平均高程面的平面直角坐标系统；或采用任意带，投影面为1985国家高程基准面的平面直角坐标系统。

3）小测区或有特殊精度要求的控制网，可采用独立坐标系统。

4）在已有平面控制网的地区，可沿用原有的坐标系统。

5）厂区内可采用建筑坐标系统。

16. 高程测量的要求有哪些?

答：高程测量的要求有以下内容：

（1）高程控制测量精度等级的划分，依次分为二、三、四、五等。各等级高程控制宜采用水准测量，四等及以下等级可采用电磁波测距三角高程测量，五等也可采用GPS拟合高程测量。

（2）首级高程控制网的等级，应根据工程规模、控制网的用途和精度要求合理选择。首级网应布设成环形网，加密网宜布设成附合线路或节点网。

（3）测区的工程系数，宜采用 1985 年国家高程基准。在已有高程控制网的地区，可沿用原有的高程系统；当小区联测有困难时，也可采用假定高程系统。

（4）高程控制点间的距离，一般地区应为 1～3km，工业厂区、城镇建筑区宜小于 1km。但一个测区及周围至少应有 3 个高程控制点。

第六节 控制测量基础知识

1. 导线布设的形式有哪些？

答：导线布设的形式如下：

（1）闭合导线

如图 2-27 所示，从一个已知点 B 出发，经过若干个导线点 1、2、3、4，又回到原已知点 B 上形成闭合多边形，称为闭合导线。

（2）附合导线

如图 2-28 所示，从一个已知点 B 和已知方向 AB 出发，经过若干个导线点 1、2、3，最后附合到另一个已知点 C 和已知方向 CD 上，称为附合导线。

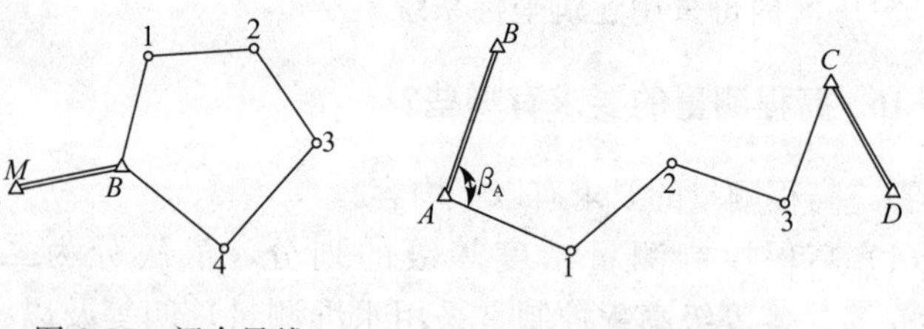

图 2-27 闭合导线　　图 2-28 附合导线

（3）支导线

如图 2-29 所示，导线从一个已知点 B 和已知方向 AB 出发，经过 1～2 个导线点既不回到原已知点上，又不附合到另一已知点上，称为支导线。由于支导线无检核条件，故导线点不应超过 2 个。

（4）无定向附合导线

如图 2-30 所示，导线从一个已知点 A 出发，经过若干个导线点 1、2、3，最后附合到另一个已知点 B 上，但起始边方位角未知，且起、终点 A、B 不通视，只能假设起始边方位角，这样的导线称为无定向附合导线。其适用于狭长地区。

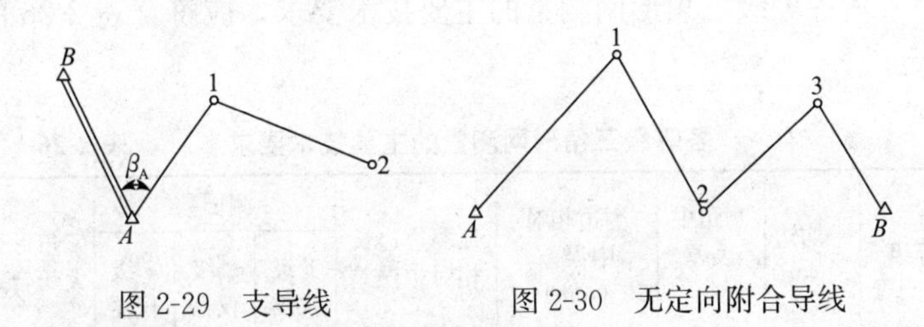

图 2-29　支导线　　图 2-30　无定向附合导线

2. 导线测量的技术要求有哪些？

答：导线测量的技术要求包括如下内容：

（1）各级导线测量的主要技术要求，应符合表 2-25 的规定。

各级导线测量的主要技术要求　　表 2-25

等级	导线长度（km）	平均边长（km）	测角中误差（″）	测距中误差（mm）	测距相对中误差	测回数			方位角闭合差（″）	导线全长相对闭合差
						1″级仪器	2″级仪器	6″级仪器		
三等	14	3	1.8	20	1/50000	6	10	—	$3.6\sqrt{n}$	≤1/55000
四等	9	1.5	2.5	18	1/80000	4	6	—	$5\sqrt{n}$	≤1/35000
一级	4	0.5	5	15	1/30000	—	2	5	$10\sqrt{n}$	≤1/15000
二级	2.4	0.25	8	15	1/14000	—	1	3	$16\sqrt{n}$	≤1/10000
三级	1.2	0.5	12	15	1/7000	—	1	2	$24\sqrt{n}$	≤1/5000

注：1. 表中 n 为测站数。

2. 当测区测图的最大比例尺为 1∶1000 时，一、二、三级导线的导线长度、平均长度可适当延长，但最大长度不应大于表中规定相应长度的 2 倍。

（2）当导线平均长度较短时，应控制导线边数不超过表 2-25 相应等级导线长度和平均边长算得的边数；当导线长度小于表 2-25 规定长度 1/3 时，导线全长的闭合差不应大于 13cm。

（3）导线网中，节点与节点，节点与高级点之间的导线段长度不应大于表 2-25 中相应等级规定长度的 0.7 倍。

3. 三角形网测量的技术要求包括哪些内容？怎样进行三角形网观测？

答：（1）三角形网测量的技术要求

1）各等级三角形网测量的主要技术要求，应符合表 2-26 的规定。

各等级三角形网测量的主要技术要求　　表 2-26

等级	平均边长(km)	测角中误差(″)	测边相对中误差(mm)	最弱边边长相对中误差	测回数			三角形最大闭合差
					1″级仪器	2″级仪器	6″级仪器	
二等	9	1	≤1/250000	≤1/120000	12	—	—	3.5
三等	4.5	1.8	≤1/150000	≤1/70000	6	9	—	7
四等	2	2.5	≤1/100000	≤1/40000	4	6	—	9
一级	1	5	≤1/40000	≤1/20000	—	2	4	15
二级	0.5	10	≤1/20000	≤1/10000	—	1	2	30

注：当测区测图的最大比例尺为 1∶1000 时，一、二级三角形网的平均边长可适当放大，但不应大于表中规定长度的两倍。

2）三角形网中的角度宜全部观测，边长可根据需要选择观测或全部观测；观测的角度和边长均应作三角形网中的观感测量参与平差计算。

3）首级控制网定向时，方位角传递宜联测两个已知方向。

4）三角形网的布设，应符合下列要求：

① 首级控制网中的三角形，宜布设为近似等边三角形。其三角形的内角不应小于 30°；当受地形条件限制时，个别角可放

宽，但不应小于 25°。

② 加密的控制网，可采用插网、线性网或插点等形式。

③ 三角形网点位的选定，除应符合上述导线测量点位选定的有关规定外，二等网视线距障碍物的距离不宜小于 2m。

（2）三角形网观测

1）三角形网的水平角观测，宜采用方向观测法。二等三角形网也可采用全组合观测法。

2）三角形网的水平角观测，除了满足表 2-26 的规定外，其他要求按上述导线测量的有关规定执行。

3）二等三角形网测距边的边长测量除满足表 2-26 和表 2-27 的规定外，其他要求按上述导线测量的有关规定执行。

二等三角形网边长测量最主要技术要求　　表 2-27

平面控制网等级	仪器精密等级	每边测回数		一测回读数较差（mm）	单程各测回较差（mm）	往返较差（mm）
		往	返			
二等	5mm 级仪器	3	3	≤5	≤7	≤2（$a+b\cdot D$）

注：1. 测回是指照准目标一次，读数 2～4 次的过程。
2. 根据具体情况，测边可采用不同时间段测量代替往返观测。
3. a—标称精度中的固定误差（mm）；b—标称精度中的比例误差系数（mm/km）；D—测距长度（km）。

4）三等及以下等级的三角形网测距边的边长测量，除满足表 2-26 的规定外，其他要求按上述导线测量的有关规定执行。

5）二级三角形网测距边的边长也可采用钢尺量距，同时要满足普通钢尺量距的主要技术要求。

4. 地籍测量包括哪些内容？地籍测量的方法有哪些？

答：（1）地籍测量包括的内容

1）根据地块权属调查结果确定地块边界后，参考表 2-28 设置界址标志。

界址标志种类和适用范围　　表 2-28

种类	适用范围
混凝土界址标志 石灰界址标志	较为空旷地方的界址点和占面积较大的机关、团体、企业、事业单位的界址点应埋设或现场浇筑混凝土界址标志，混凝土地面也可埋设石灰界址标志
带铝帽的钢钉界址标志	在坚硬的路面和地面上的界址点应钻孔浇筑或钉设带铝帽的钢钉界址标志
带塑料套的钢混界址标志 喷漆界址标志	坚固的房墙（角）、后围墙（角）等永久性建筑物处的界址点应钻孔浇筑带塑料套的钢混界址标志，也可设置喷漆界址标志

2）界址标志设置后，按照下述测量方法进行地籍要素测量。

3）地籍测量的对象主要包括：

① 界址点、线以及其他重要的界标设施。

② 行政区域和地籍区、地籍子区的界限。

③ 建筑物和永久性构筑物。

④ 地类界和保护区的界线。

（2）地籍测量方法

1）极坐标法

① 采用极坐标法时，由平面控制网的一个已知点或自由设站的测站点，通过测量方向和距离，来测定目标点的位置。

② 界址点和建筑物角点的坐标一般应根据两个不同的测站点测定的结果确定。

③ 位于界限上或界限附近的建筑物角点应直接测定。对矩形建筑物可直接测定三个角点，另一个角点通过计算求出。

④ 避免由不同线路的控制点对间距很短的界址点进行测量。

⑤ 个别情况下，现有控制点不能满足极坐标法测量时，可测设辅助控制点。

⑥ 极坐标测量可采用全站型电子测速仪，也可采用经纬仪配以光电测速仪或其他符合测量要求的测量设备。

2）正交法

正交法又称直角坐标法，它是借助测线和短边支距测定目标点的方法。

正交法采用钢尺丈量距离配以直角棱镜作业，支距长度不得超过一个尺长，正交法测量使用的钢尺必须经计量检定符合要求。

5. 变更地籍测量的准备工作有哪些内容？

答：变更地籍测量的准备工作包括如下内容：

（1）资料准备

进行变更地籍测量前应准备下述主要资料：原有地籍图和宗地图的复制件；本宗地及相邻宗地的变更地籍调查表及原有地籍调查表的复制件（包括宗地草图）；有关界址点坐标数据；必要的变更数据的准备，如宗地分割时放样元素的计算；本宗地附近测量控制点成果，如控制点的坐标、控制点的标记或点位说明、控制点网图等。

（2）制定技术方案

针对变更地籍测量，宗地变更可分为界址未发生变化的宗地变更、界址发生变化的宗地变更及新增宗地的变更三种情况。根据变更种类、变更土地登记申请书的要求及收集到的相关资料，制定相应的变更地籍测量技术方案。变更地籍测量技术方案内容包括：控制点利用及检查恢复界址点方案、新增界址点放样元素计算方法、新增界址点放样方案、界址点测量方案、宗地内部地物地类测量方案、面积计算方法、宗地图绘制方法、地籍图修编及地籍测量成果变更方案。

第七节　建筑工程施工测量

1. 施工测量的概念、任务、内容、特点各是什么？

答：（1）施工测量的概念

进行建筑、道路、桥梁和管道等工程建设时，都要通过勘测、设计和施工这三个阶段。地形测量都是为各种工程进行规划设计提供必要的资料。在设计工作完成后，就要在实地施工。在施工阶段进行的测量工作，称为施工测量，又称测设或放样。

(2) 施工测量的任务

施工测量的任务是根据工作需要，将设计图纸上的建（构）筑物的平面和高程位置，按一定的精度和设计要求，用测量仪器测设在地面上，作为施工的依据，并在施工过程中进行一系列的测量工作，以衔接和指导各工序间的施工。

(3) 施工测量的内容

施工测量是施工的先导，贯穿于施工的整个过程中。内容包括从施工前的场地平整、施工控制网的建立，到建（构）筑物的定位和基础放线；以及工程施工中各道工序的细部测设，构件与设备安装的测设工作；在工程竣工后，为了便于管理、维修和扩建，还需进行竣工测量，绘制竣工平面图；有些高大和特殊的建（构）筑物在施工期还要定期进行变形观测，以便积累资料，掌握变形规律，为工程设计、维护和使用提供资料。

(4) 施工测量的特点

1) 测量精度要求较高

为了满足较高的施工测量精度要求，应使用经过检校的测量仪器和工具进行测量作业，测量作业的工作程序应符合“先整体后局部，先控制后细部”的一般原则，内业计算和外业测量时应细心操作，注意复核，以防出错，测量方法和精度应符合相关的测量规范和施工规范的要求。

对同类建筑物和构筑物来说，测设整个建筑物和构筑物的主轴线，以便确定其对其他地物的位置关系时，其测量精度要求可相对低一些；而测设建筑物内部有关联的轴线，以及进行构件安装放样时，精度要求则相对高一些；如要对建筑物和构筑物进行变形观测，为了发现位置和高程的微小变化量，测量精度要求更高。

2）测量与施工进度关系密切

施工测量直接为工程的施工服务，一般每道工序施工前都要进行放样测量，为了不影响施工的正常进行，应按照施工进度及时完成相应的测量工作。特别是现代工程项目，其规模大，机械化程度高，施工进度快，对放样测量的密切配合提出了更高的要求。

在施工现场，各工序经常交叉作业，运输频繁，并有大量土方填挖和材料堆放工作，使测量作业的场地条件受到影响，视线被遮挡，测量桩点被破坏等。所以，各种测量标志必须埋设稳固，并设在不易被破坏和碰动的位置，除此之外还应经常检查，如有损坏应及时恢复，以满足施工现场测量的要求。

2. 贯穿道路工程施工始终的三项测量放线基本工作是什么?

答：贯穿道路工程施工始终的三项测量放线基本工作是：

（1）中线放线测量。

（2）边线放线测量。

（3）高程放线测量。

不同的施工阶段三项基本工作内容稍有区别。但在每个量程桩的横断面上，中线桩位与其高程的正确性是根本性的。

3. 施工测量放线的基本准则有哪些?

答：施工测量放线的基本准则如下：

（1）学习与执行国家法令、规范，为施工服务，对施工质量与进度负责。

（2）应遵守“先整体后局部”的工作程序，即先测设精度较高的场地整体控制网，再以控制网为依据进行各局部建（构）筑物的定位、放线。

（3）应校核测量起始依据（设计图纸、文件、测量起始点位、数据等）的正确性，确保测量工作与计算机工作步步校核。

（4）测量方法应科学、简捷，精度应合理、相称，仪器精度选择应适当，使用应精心，在满足工程需要的前提下，力争做到节省费用。

（5）定位、放线工作应执行的工作制度为：经自检、互检合格后，由上级主管部门验线；此外，还应执行安全、保密等有关规定，保管好设计图纸与技术资料，观测时应当场做好记录，观测后应及时保护好桩位。

4. 施工测量放线验线的基本准则是什么？

答：施工测量放线验线的基本准则如下：

（1）场地平整

1）平整施工场地。按设计或施工要求范围和标高平整场地，将余土一次性运到指定弃土场，凡在施工区域内的软弱土层、垃圾、树根、草皮全部挖除并进行妥善处理，做到文明施工。

2）修建临时设施及道路。根据施工安排修建简易的临时性生产和生活设施，同时敷设现场供水、供电线路，并进行试水、试电及修筑施工场地内机械运行的道路。

（2）施工测量放线

1）做好施工测量前的准备工作，阅读与校核图纸，校核仪器及测量用具。

2）测量验线工作的基本准则：

① 验线工作应主动，验线工作要以审核施工测量方案为开始，在施工的各主要阶段前，均应对施工测量工作提出预防性的要求，以做到防患于未然。

② 验线的依据要原始、正确、有效，设计图纸、变更、洽商与起始点（如红线桩、水位点等）及其已知数据必须是原始资料，最后定案有效并正确。

③ 仪器与钢尺必须按计量法有关规定进行检定和校验。

④ 验线的精度应符合规范要求，主要包括：

a. 仪器的精度应适应验线要求，并校正完好；

b. 必须按规程作业，观测误差必须小于限差，观测中系统误差应采取措施进行改正；

c. 验线本身应先行闭合校核。

⑤ 必须独立验线，验线工作应尽量与放线工作不相关，主要包括：

a. 观测人员；

b. 仪器；

c. 测量方法及观测路线等。

⑥ 验线方法及误差处理：

a. 场区平面控制网与建筑物定位，应在平差计算中评定其最弱部位的精度，并实地验测，精度不符合要求时应重测；

b. 细部测量，可用不低于原测量放线的精度进行验测，验线成果与原放线成果间的误差应做出合理的处理。

3）验线的关键环节与最弱部位，主要包括：

① 定位依据桩位及定位条件；

② 场区平面控制，主轴线及其控制桩（引桩）；

③ 场区高程控制网及±0.000 高程线；

④ 控制网及定位放线中的最弱部位。

4）测量记录的基本要求：原始真实、数字正确、内容完整、字体工整。

5）测量计算工作的基本要求：依据正确、方法科学、计算有序、步步校核、结果可靠。

5. 测量外业量控制管理包括哪些内容?

答：测量外业量控制管理包括以下内容：

（1）测量作业原则：先整体后局部，高精度控制低精度。

（2）测量外业操作应按照有关技术规范的要求进行。

（3）测量外业工作依据必须正确、可靠，并坚持测量工作必须步步有校核的工作方法。

（4）平面测量放线、高程传递抄测工作必须闭合交圈。

（5）钢尺量距应使用拉力器，并进行尺长、拉力、温差改正。

6. 测量计算质量控制管理包括哪些内容？

答：测量计算质量控制管理包括以下内容：

（1）测量计算基本要求：依据正确、方法科学、计算有序、步步校核、结果可靠。

（2）测量计算应在规定的表格上进行。在表格中抄录原始起算数据后，应换人校对，以免发生抄录错误。

（3）计算过程中必须做到步步校核。计算完成后，应换人进行检验，校核计算结果的正确性。

7. 测量放线检查和验线质量控制管理包括哪些内容？

答：测量放线检查和验线质量控制管理包括以下内容：

（1）建筑工程测量放线工作必须严格遵守"三检"制和验线制度。

（2）自检。测量外业工作完成后必须自检，并填写自检记录。

（3）互检。由项目测量负责人或质量检验员组织进行测量放线质量检查，发现不合格项立即改正至合格。

（4）交接检。测量作业完成后，在移交给下道工序时，必须进行交接检查，并填写交接记录。

（5）测量作业完成并经自检合格后，应及时填写《施工测量放线报验表》，并报监理验线。

第八节　施工测量资料应用计算机管理的基本知识

1. 施工测量技术资料管理的原则有哪些？

答：施工测量技术资料管理的原则如下：

（1）测量技术资料应进行科学规范化管理。

（2）测量原始记录必须做到：表格规范、格式正确、记录准确、书写完整、字迹清晰。

（3）对原始资料数据严禁涂改或凭记忆补记，且不得用其他纸张转抄。

（4）各种原始记录不得随意丢失，必须由专人负责，妥善保管。

（5）外业工作必须做到计算数据正确可靠，计算过程科学有序，严格遵守自检、互检、交接检的“三检制”。

（6）各种测量资料必须数据正确，符合测量规程，表格规范，格式正确方可报验。

（7）测量竣工资料应汇编齐全、有序、整理成册，并有完整的签字交接手续。

（8）测量资料应注意保密，并妥善保管。

2. 计算机由哪些部分组成？各部分的功能是什么？

答：（1）计算机基本组成

显示器、显示卡、主机箱、主板、CPU、内存、硬盘（U盘）、声卡、键盘、鼠标、光驱、软驱、音箱（响）、低音炮、麦克风、刻录机、调制解调器、打印机、扫描仪、视频卡、采集卡、摄像头、数码相机、数码摄像机、不间断电源（UPS）等。

（2）计算机硬件主要功能

计算机硬件是指有形的物理设备，它是计算机系统中实际物理装置的总称。包括中央处理器、主存储器、辅助存储器、输入输出设备和总线五个部分。

1）运算器（算术逻辑单元）。它是计算机对数据进行加工处理的部件，包括算术运算（加、减、乘、除等）和逻辑运算（与、或、非、异或、比较等）。

2）控制器。控制器负责从存储器中取出指令，并对指令进行译码；根据指令的要求，按时间的先后顺序，负责向其他各部件发出控制信号，保证各部件协调一致地工作，一步一步地完成各种操作。控制器主要由指令寄存器、译码器、程序计数器、操作控制器等组成。硬件系统的核心是中央处理器（Central Processing Unit，简称 CPU）。它主要由控制器、运算器等组成，并采用大规模集成电路工艺制成的芯片，又称微处理器芯片。

3）存储器。存储器是计算机记忆或暂存数据的部件。计算机中的全部信息，包括原始的输入数据、经过初步加工的中间数据以及最后处理完成的有用信息都存放在存储器中。而且，指挥计算机运行的各种程序，即规定对输入数据如何进行加工处理的一系列指令也都存放在存储器中。存储器分为内存储器（内存）和外存储器（外存）两种。

4）输入设备。输入设备是给计算机输入信息的设备。它是重要的人机接口，负责将输入的信息（包括数据和指令）转换成计算机能识别的二进制代码，送入存储器保存。

5）输出设备。输出设备是输出计算机处理结果的设备。大多数情况下，它将这些结果转换成便于人们识别的形式。

3. 计算机软件的功能是什么？

答：（1）计算机软件

软件是对能使计算机硬件系统顺利和有效工作的程序集合的总称。程序总是要通过某种物理介质来存储和表示的，它们是磁盘、磁带、程序纸、穿孔卡等，但软件并不是指这些物理介质，而是指那些看不见、摸不着的程序本身。可靠的计算机硬件如同一个人的强壮体魄，有效的软件如同一个人的聪颖思维。计算机的软件系统可分为系统软件和应用软件两部分。

（2）计算机软件的分类及功能

1）系统软件

系统软件负责对整个计算机系统的资源进行管理、调度、监视和服务。计算机系统软件包括：

① 操作系统：系统软件的核心，它负责对计算机系统内各

种软、硬资源的管理、控制和监视。

② 数据库管理系统：负责对计算机系统内全部文件、资料和数据的管理和共享。

③ 编译系统：负责把用户用高级语言所编写的源程序编译成机器所能理解和执行的机器语言。

④ 网络系统：负责对计算机系统的网络资源进行组织和管理，使得在多台独立的计算机间能进行相互的资源共享和通信。

⑤ 标准程序库：按标准格式所编写的一些程序的集合，这些标准程序包括求解初等函数、线性方程组、常微分方程、数值积分等计算程序。

⑥ 服务性程序：也称实用程序。为增强计算机系统的服务功能而提供的各种程序，包括对用户程序的装置、连接、编辑、查错、纠错、诊断等功能。为了使计算机能算得快和准、记得多和牢，数十年来，对提高单机中的中央处理器的处理速度和精度，以及提高存储器的存取速度和容量作了许多改进，如：增加运算器的基本字长和提高运算器的精度；增加新的数据类型，或对数据进行自定义，使数据带有标志符，用以区别指令和数及说明数据类型；在 CPU 内增设通用寄存器，采用变址寄存器增加间接寻址功能，增设高速缓冲存储器和采用堆栈技术；采用存储器交叉存取技术及虚拟存储器技术；采用指令流水线和运算流水线；采用多个功能部件和增设协处理器等。

2）应用软件

应用软件是专门为某一应用目的而编制的软件，较常见的如：

① 文字处理软件。用于输入、存储、修改、编辑、打印文字材料等，例如 WORD、WPS 等。

② 信息管理软件。用于输入、存储、修改、检索各种信息，例如工资管理软件、人事管理软件、仓库管理软件、计划管理软件等。这种软件发展到一定水平后，各个单项的软件相互连系起来，计算机和管理人员组成一个和谐的整体，各种信息在其中合

理地流动，形成一个完整、高效的管理信息系统，简称MIS。

③ 辅助设计软件。用于高效地绘制、修改工程图纸，进行设计中的常规计算，帮助人寻求好的设计方案。

④ 实时控制软件。用于随时搜集生产装置、飞行器等的运行状态信息，以此为依据按预定的方案实施自动或半自动控制，安全、准确地完成任务。

4. 怎样保证计算机系统的安全？

答：保证计算机系统安全的基本措施包括：

（1）对病毒、木马、恶意软件的防护

1）防病毒软件及安全补丁的安装

① 服务器安装。

② 个人办公用计算机安装：个人办公用计算机必须安装企业统一的防病毒客户端软件，并将病毒库和操作系统安全补丁升级到最新状态。

③ 工业控制用计算机安装：由所在部门负责安装防病毒软件和操作系统安全补丁，安装前应进行严格的测试，并做好测试记录。

2）使用

① 用户不得随意更换防病毒软件，不得退出防病毒软件的实时监控。

② 用户应每周使用防病毒软件对计算机进行一次全盘扫描杀毒。

③ 用户在使用移动存储前应对介质进行病毒扫描，防止病毒感染。

④ 用户应严格管理其所负责的工业控制计算机上的移动存储使用，尽量不在工业控制计算机上使用移动存储，如确需使用的，应在摆渡计算机上对移动存储进行病毒扫描，确认无病毒后方可使用，同时做好记录。

⑤ 服务器管理员应严格管理在其所负责的服务器上使用移

动存储的行为，使用前应对移动存储进行病毒扫描。

⑥ 外来人员需要将自带计算机接入公司内局域网的，由公司内项目负责人对其计算机杀毒软件安装情况进行检查，确认安装状态正常且不带病毒后方可允许接入，并填好“外来人员接入内网登记表”。

⑦ 设备工程部信息安全管理人员应每天对用户的防病毒软件使用情况进行监控，每周进行一次扫描，每月对病毒感染与查杀情况进行一次通报。

⑧ 设备工程部为工业控制计算机提供专用杀毒 U 盘，由部门专人负责该 U 盘的管理和使用，杀毒 U 盘只能用于杀毒，不得改作他用。

3）更新

① 用户应保持所使用的计算机上的防病毒软件的更新，包括软件版本升级、病毒码更新，并及时更新操作系统安全补丁。

② 工业控制用计算机上防病毒软件和操作系统安全补丁不能设为自动更新，在更新前应对新版本进行严格的测试，测试通过后方可升级。

③ 设备工程部信息安全管理人员负责为工业控制计算机提供防病毒软件程序包和病毒代码更新包，制作专用 U 盘，由工业控制用计算机所在部门专人负责领取，并做好“专用杀毒 U 盘工具管理记录”。

4）病毒处理

① 用户计算机感染病毒后，实时监控和扫描时会自动处理，如果无法确认是否处理干净，应及时联系部门专职维护员（无专职人员的部门联系设备工程部）。

② 设备工程部信息安全管理人员每天应跟踪防病毒服务器运行日志，发现病毒必须及时处理。

③ 当公司内局域网上发现有病毒传播时，设备工程部应及时对病毒进行处理，处理完成前应将受感染的计算机隔离出局域

网，防止大规模传播爆发。设备工程部信息安全管理人员应对病毒的来源、感染的途径等进行追查，对造成影响的情况还应追究当事人的相关责任。

④ 设备工程部信息安全管理人员应及时对公司内发布有关新病毒的情况，包括病毒特征、感染途径、影响程度以及防范措施。

⑤ 当遇到外网大规模病毒爆发或新病毒爆发时，防病毒软件服务商来不及发布对应的病毒码，经请示后，设备工程部负责通知并暂时关闭相关网段内计算机的通信端口。

（2）网络安全

1）网络接入

① 用户级网络设备（交换机、路由器、防火墙、代理服务器）安装接入公司内办公局域网前，应由用户提出申请报告，经用户部门设备工程部批准，由设备工程部负责安装和配置。用户不得私自将交换机、路由器、防火墙、代理服务器等设备接入厂内局域网，不得擅自修改网络设备的配置。

② 工业控制网内的网络设备由所在部门负责安装与管理。

③ 办公计算机接入：生产车间的计算机需要接入公司内办公局域网的，向部门维护员提出接入申请，由部门维护员负责接入；其他部门的应填写用户申请表，向设备工程部提出接入申请，由信息组接入。

④ 外来人员需要接入公司内办公局域网的，由对应的公司内项目负责人或联系人办理接入手续。

⑤ 需要接入工业控制网的，由所在部门工业控制网管理人员负责。

⑥ 用户如需使用无线交换机、无线路由器的，应由设备工程部负责安装与配置，建立强壮的安全口令，用户不得擅自为无外网访问权限的计算机开放无线接入和提供无线上网。

2）网络安全管理

① 设备工程部负责所有办公网络设备的安装、配置、管理

与调整；负责核心交换机、路由器、防火墙的日常保养；负责所有线路、接入点安装与维护；负责无专职维护员的部门计算机网络配置。

② 有专职维护员的部门负责本部门使用的通信网络、通信设备、线路及接入点的日常保养；负责本部门计算机的网络接入、配置。

③ 用户不得擅自修改计算机的网络设置，如确需修改的，应由部门维护员修改并通知设备工程部，无专职维护员的由设备工程部修改。

④ 需要在部门级网络设备上或者核心网络设备上修改设置时，应按用户申请表的流程办理。

⑤ 设备工程部网络管理人员应建立详细的网络拓扑档案，内容包括网络交换机端口与子网的分配情况、线路接入点与交换机的对应表格等。

⑥ 生产现场控制设备及其相关设备所处网段与其他子网段之间应用防火墙进行隔离，如这类子网段需要与其他子网段通信的，必须按用户申请表的流程办理。

⑦ 公司局域网与上级主管部门及其他生产点通信应设置防火墙隔离，如用户需要与这些网段通信的，必须按用户申请表的流程办理。

⑧ 企业级核心交换设备、核心路由器、网络督查设备及核心防火墙设备原则上应配置为双机冗余。

⑨ 每年应对本公司网络安全状况进行一次全面诊断分析，找出存在的问题并尽快解决。诊断的内容包括防病毒系统运行状况、网络防火墙运行状况、服务器安全防护状况、网络安全管理机制等。

5. Word、Excel的基本操作常识各有哪些？

答：(1) Word基本操作

1) 文字的录入，排版。包括文字的字体、大小、颜色、底纹、方向；项目符号、编号的设置；排序、查找、替换的使用；设置超链接。

2）图片、艺术字、表格的插入。

3）Word 排版。页边距上、下、左、右一般都为 2 或是 2.5。名头一般都是黑体 2 号字；正文宋体 3 号字。排版包括分栏、上标、下标、文字间距、文字缩放、字体大小、格式刷、段落里的固定值（调整字间距排表格的时候也可以用上）、插入页码、页眉、页脚等。排表格的时候，一般插入表格以后先用 12 号字体。这样会好排一些。表格排版合并单元格、横向纵向分布；斜线表头、表格外线的操作等。

（2）Excel 基本操作

1）数据的录入，单元格的设置，筛选和排序，查找、替换，基本函数（求和、平均）的运用，图片的插入，设置超链接。

2）Excel 汇总用很方便，自动求和用 SUM 公式。选表格右键行高可调整表格高度。重复表头、合并单元格。文件筛选，移动复制工作表。

6. PowerPoint 的基本操作包括哪些内容?

答：（1）对象添加

制作演示文稿的，添加对象是最常见的操作。

1）插入文本框、文本；

2）插入图片、图形、艺术字、声音；

3）插入视频、flash 动画；

4）插入其他演示文稿、批注、表格。

（2）版面设置

好的演示文稿一定要有好的版面，好的配色方案，等等。

1）设置幻灯片版式；

2）使用设计方案；

3）设置背景；

4）页眉页脚、日期时间；

5）修改幻灯片母版。

（3）动画设置

为对象设置动画，这是演示文稿的精华。

1）设置进入动画（动画播放方式，退出动画）；

2）自定义动画路径，调整动画顺序；

3）设置背景音乐；

4）设置强调动画（字幕式动画）；

5）设置超链接。

（4）播放文稿

演示文稿做好了，掌握一些播放的技能和技巧可以帮你做一场漂亮的讲解。

1）设置幻灯片切换效果（设置幻灯片放映方式）；

2）自定义播放方式；

3）自动播放演示文稿；

4）记录下放映的感受。

（5）综合应用技巧

掌握了 PowerPoint 的其他技巧，很多事情可以事半功倍。

1）为幻灯片配音；

2）嵌入字体格式；

3）提取母版；

4）插入图示、大量文本；

5）微量移动对象；

6）改变超链接字体颜色；

7）隐藏幻灯片；

8）打印幻灯片；

9）设置目录跳转防止字色变化；

10）把文稿转换为 Word 文档；

11）把 Word 文档转换为 PPT 文档；

12）制作自己的模板；

13）把 PPT 转化为图片格式；

14）提取文稿中的图片；

15）为图片瘦身；

16）制作电子相册。

7. 工程资料管理软件的种类、特点和功能各有哪些？

答：（1）工程资料管理软件的种类

1）建筑工程表格

《建筑工程资料管理规程》JGJ/T 185、建筑工程施工技术管理记录表格、建筑业试验室新试验表格、建筑工程施工质量验收表格、《住宅工程质量分户验收管理规定》、《建筑工程施工质量验收统一标准》GB 50300、《建设工程监理规范》GB/T 50319、《智能建筑工程质量验收规范》GB 50339、《住宅室内装饰装修工程质量验收规范》JGJ/T 304、《建筑节能工程施工质量验收规范》GB 50411、《建筑结构加固工程施工质量验收规范》GB 50550 等配套表格。

2）市政工程表格

市政工程参考表；城镇道路、城市桥梁、给水排水、地铁工程施工管理统一用表；《城镇道路工程施工与质量验收规范》CJJ 1、《城市桥梁工程施工与质量验收规范》CJJ 2、《城镇供热管网工程施工及验收规范》CJJ 28、《给水排水构筑物工程施工及验收规范》GB 50141、《给水排水管道工程施工及验收规范》GB 50268、《城市污水处理厂工程质量验收规范》GB 50334、《城市道路照明工程施工及验收规程》CJJ 89、《市政施工技术文件管理规定》（城建［2002］221 号）等配套表格。

3）安全资料表格

安全资料表格；《建筑施工安全检查标准》JGJ 59、《施工企业安全生产评价标准》JGJ/T 77 等配套表格。

4）园林工程表格

《园林绿化工程施工及验收规范》CJJ 82、园林（绿化＋土建）工程施工技术资料及质量评定表、园林绿化工程监理表、古建筑修建工程资料等表格。

5）人防工程表格

《人民防空工程质量检验评定标准》RFJ 01 配套表格。

6）消防工程表格

消防资料参考表；《自动喷水灭火系统施工及验收规范》GB 50261、《火灾自动报警系统施工及验收规范》GB 50166 等配套表格。

7）公路工程全套表格

涵盖公路工程现行施工及验收规范所有表格：承包人用表（A 表）、施工监理用表（B 表）、质量检验评定用表（C 表）、试验记录用表（D 表）、施工记录用表（E 表）、计量支付用表（F 表）、计划统计用表（G 表）、业主单位用表（H 表）、质量检查用表（I 表）、竣工（交工）验收用表（J 表）。

8）电力工程表格

《电力建设施工质量验收及评价规程》DL/T 5210、《电气装置安装工程质量检验及评定规程》DL/T 5161、电力监理资料、火电工程验评表等表格。

9）水利水电表格

《水利水电工程单元工程施工质量验收评定标准》（2012）、《水利水电工程施工质量评定规程》SL 176、《水利工程建设项目施工监理规范》SL 288、《水利水电建设工程验收规程》SL 223、《水利水电工程施工质量评定表填表说明与示例》（办建管［2002］182 号）等配套表格。

10）常用参考资料

包含海量技术规范、安全规范、施工图库、安全应急预案；建筑安装技术交底、安全交底模板，涵盖所有分部分项工程；建筑/安装/市政工程施工组织设计精选模板。

（2）工程资料管理软件的特点和功能

工程资料管理软件除了具备普通资料管理软件固有的功能（填表范例、自动计算、验收资料数据逐级生成、智能评定、企业标准定制）外，还具备如下独特功能：

1）智能高效的表格创建、编辑、打印技术。

① 强大的部位生成器根据质量验收计划，按楼层、施工段创建所有的验收部位。

② 可批量增加具有同样验收部位的不同表格的资料。

③ 方便地查阅和调用历史工程数据，如果以前做过的工程中填写过当前资料，可自动显示出来，通过“复制追加”或“复制替换”功能生成多份资料。

④ 自动创建资料管理目录，智能生成监理报验等表格。

⑤ 表格间数据任意复制粘贴，图文混排，一键保存为模板。

⑥ 批量打印界面直接预览表格，发现问题，直接修改后再打印。所有包含计算的表格均可智能计算，数据可共享。

2）生成 PDF 格式电子档案，放大、打印不失真。

① 用于电子档案存档

把已填资料，按档案馆的组卷目录生成一个 PDF 电子档案。

② 用于数据交流

转换为 PDF 格式电子书后，提供给需要的部门进行批注、传阅。

③ 用于打印输出

转换为 PDF 格式后，可直接在未安装本软件的电脑上打印输出。特征质量验收资料一键完美生成，用户可自由控制有关参数。

3）生成工程项目管理表格，且有检查、校核的功能。

① 检验批表数据自动生成

全表填充或区域填充随机数，自动添加部分超偏点。

② 分部分项表智能表头技术

软件自动创建表头，改变了同类软件的“填空”和“删除线”模式，生成的表格美观大方。

③ 多检验批合并技术

例如，模板分项工程包含“模板安装”和“模板拆除”2 个检验批，可自动汇总到同一个分项工程中，完全符合《建筑工程施工质量验收统一标准》GB 50300 的要求。

④ 时间校验，保证资料交圈

自动判断用户录入的时间，并且自动汇总下级资料时间以校验上级资料的时间从而达到时间交圈。

⑤ 特征强大图形处理功能

内嵌图形编辑器，可以灵活方便地绘制建设行业常用图形，直接嵌入表格，可以实现图文混排，CAD 图导入表格，让操作人员面对带图的表格不再发愁。

8. 工程资料管理软件特性、操作包括哪些内容？

答：(1) 工程管理软件特性

1) 多用户个性化操作：管理员可以分配不同的操作员，每个操作员的工程信息相互独立，个性化操作。

2) 工程概况信息维护：您可以方便地添加平时常用的工程概况信息，以便下次调用方便快捷。

3) 表头数据自动生成：表头信息，如工程名称、施工单位等通用信息，一个工程只需输入一次，一劳永逸。

4) 分部分项汇总表自动生成：分部分项评定、单位工程评定等评定汇总表，制作起来劳神费力，本系统智能化设计，分部分项汇总表快速生成。

5) 先进的模板管理功能：系统提供模块管理，用户可以直接取用模块管理树中的数据，也可以扩充模板库中数据。利用模板管理功能可以迅速填写技术资料。

6) 随心所欲的导出导入：优秀的导入、导出功能，能实现不同资料数据的共享。

7) 模糊查找功能：迅速定位所需填制的资料，方便快捷。

8）批量制作批量打印：再不用守在打印机旁，一张又一张的来，批量制作批量打印，您只需坐享其成。

（2）工程管理软件的操作

1）充分理解工程资料管理软件的特性，熟练掌握工程资料管理软件的使用、管理和维护的基本知识和技能。

2）积累充分、翔实的第一手工程管理、工程技术、工程试验等资料。

3）利用工程资料管理软件强大的管理功能，做好资料的收集、编辑、组卷和归档工作。

4）科学建立工程资料管理台账，便于资料的日常管理和使用，发挥工程资料在项目管理中应有的作用。

9. 工程资料管理软件进行资料编辑的方法包括哪些内容？

答：（1）工程资料分类

工程资料分为文字资料和影像资料。文字资料又分为管理资料、技术资料、试验资料。

1）管理资料

管理资料是前期包括工程还没有正式开工前的一些前期资料。有开竣工报告、各种会议纪要，还有一些申报材料、资质复印件等。

2）技术资料

技术资料分为质检资料和试验资料，质检资料是施工现场质量控制过程中形成的文字资料，具体又包括单位工程、分部分项工程、隐蔽工程等质检资料。

3）试验资料

试验资料包括各种试验汇总表、评定表、试验报告等。试验报告有厂家自检的和施工单位复检的，要注意分开组卷。

（2）工程资料收集及编辑

1）平时要注意收集各类工程资料并分类。

2）在日常资料管理中注意资料的系统性和完善收集、归档。

3）在日常资料管理中注意资料的编号保管。

4）按照国家或当地备案管理机构的要求对报备工程的资料组卷。

5）尊重监理工程师、虚心接受其指导，发现疏漏及时完善。

6）运用工程资料管理软件对工程资料进行规范、科学、系统的管理。

10. 应用工程资料管理软件进行资料组卷的方法有哪些？

答：（1）组卷

组卷是指从检验批→分项→子分部→分部→单位工程的一个过程。一般资料管理软件都有组卷功能，如果是为了整理竣工资料，可以按照控制资料/试验资料/检验批-分项-子分部-分部/统表，这几大类来进行。

（2）组卷方法

每一份工程资料表格均对应于各卷内的卷内目录、分项目录，且所列表格实例均为施工过程中形成的重要工程资料，具有典型性；既体现了各项资料时间、部位、签认、归档等具体内容，又说明了工程质量的内涵。同时将每一份表格所涉及的施工技术规范和标准中有关工程资料的要求，结合工程实践情况较为详细的说明，具有实际操作性。

（3）竣工档案的组卷

做工程竣工档案的资料时，还应注意按照当地城建档案馆的要求进行。包括检验批、分项、子分部、分部、单位工程表格，相应的合格证、检验报告，施工总结及各种竣工试验报告。

11. 怎样进行工程资料电子文件的安全管理？

答：（1）电子文档的特点

电子文档可以理解为一种文字材料，它一般是以磁盘、光盘和计算机盘片等为载体，电子文档一般有电子图书、图纸、报表形式，表现出了它在人们生活中的重要性，电子文档有很多的特点，主要有：

1）电子文档的存储介质多样，方便存储。电子文档不仅仅只是被存储在计算机中，它还可以被存储在各种介质中，如光盘、U盘，还有各种娱乐设备如MP4，甚至是我们随身携带的手机中。

2）电子文档的记录信息，容易编辑和修改。电子文档可以方便编写，只要有电脑甚至是手机，我们就可以来编辑文字，而且它也方便修改，不用像纸质文档那样因修改而变得不那么整洁，对电子文档进行修改不会留下任何痕迹，不会影响美观。

3）信息文件传递方便，不会像纸质文件那样繁琐，它的传递只需轻点鼠标，利用网络就可以实现，方便快捷。

4）文件内容容易复制。纸质文件的复制需要我们花费大量的时间来动手抄写或者是利用特定的复印机进行复印，浪费时间和精力，而电子文档只需要单击鼠标选择复制，就可以复制想要的数量。电子文档还有很多其他的特点。

（2）工程资料电子文件的安全管理措施

1）文档存放在服务器中，集中管理，统一备份。

2）灵活的目录和文档目录层次结构，让你轻松应对文档的分类和归档。

3）通过扫描仪实现客户资料、销售资料、生产资料、财务单据、人事资料等档案的批量电子化；多方式的批量导入，实现电子文件的快速归档。

4）通过设置用户的系统功能使用权限，从而限制用户对文档的操作。

5）通过设置目录和文档的授权，让用户对其不可见，或只能进行浏览、编辑和完善等操作。

6）文档被修改后，系统自动保存旧版本并生成新版本、记录新版本的创建时间和创建者。

7）通过文档基本信息、索引信息和文档内容快速查到需要的文档。

8）办公桌面可呈现每天必须了解的常用文档、临时借入的文档以及今天工作要处理的文档。

9）通过文档操作记录和系统操作日志，管理者随时掌握文档的情况。

12. 电子文档安全管理系统功能有哪些？

答：电子文档安全管理系统功能如下：

（1）Rier NasSafety 电子文档安全管理系统以“安全网关”的形式部署在存储网络主路环境中，用户通过 Rier NasSafety 电子文档安全管理系统访问 NAS 系统或文件服务器系统。

（2）Rier NasSafety 电子文档安全管理系统具备满足保密规定的 4A 级安全功能：包括符合保密要求的强身份认证（Authority）；基于分级保护的访问控制（Access）；基于分权管理的安全管理（Administrate）；基于细粒度的日志审计（Audit）。

（3）Rier NasSafety 电子文档安全管理系统采用 usb 和 key 双因子身份认证，实现用户身份的鉴别。

（4）强化对 NAS 系统或文件服务器数据文件目录的安全管理。

1）文件服务器目录除了常规的属性之外，NasSafety 增加了“密级”属性，即实现对数据文件目录进行标密，按照国家保密局文件的要求，标密的密级为：“内部”、“秘密”和“机密”等。

2）具有用户组织机构管理功能，实现对组织机构用户标密管理。

3）除了常规的组织机构管理功能外，对于节点中的用户，设置“密级属性”。

4）及时收集、整理、分清收发文件和资料的种类、份数，正确地进行登记。

13. 办公自动化（office）应用程序在项目管理工作中的应用包括哪些方面？

答：办公自动化应用程序在项目管理工作中的应用包括：

（1）文字处理及文档编辑、储存；

（2）编制工程施工管理资料，绘制所需的工程技术图纸；

（3）提高办公自动化和管理现代化水平；

（4）局域网和互联网资源共享；

（5）获取工程管理的各类可能获得的信息；

（6）与项目管理外部组织和内部管理系统各单位进行工程项目资源共享。

14. 怎样应用 AutoCAD 知识进行工程项目管理？

答：AutoCAD 工具软件在工程项目施工管理中通常用来绘制建筑平面图、立面图、剖面图、节点图。绘图基本步骤包括：图形界限、图层、文字样式、标注式样等基本设置；联机操作；图形绘制；图形修改；图形文字、尺寸标注；保存、打印出图。可以随时调整各项设置及修改图形，以满足施工的实际需要。

第九节　安全生产和文明施工基本知识

1. 什么是文明施工？国家对文明施工的要求有哪些？

答：（1）文明施工

文明施工是保持施工现场良好作业环境、卫生环境和工作程序的重要途径。主要包括规范施工现场的场容，保持作业环境的整洁卫生；科学组织施工，使生产有序进行；减少施工对周围居民和环境的影响；遵守施工现场文明施工的规定和要求，保证职工的安全和身体健康。

（2）国家对文明施工的基本要求

1）施工现场必须设置明显的施工标牌，表明工程项目名称、建设单位、设计单位、施工单位、项目经理和施工现场总代表人的姓名、开工和竣工日期、施工许可证批准文号等。施工单位负责现场标牌的保护工作。

2）施工管理人员在施工现场应当佩戴证明其身份的证卡。

3）应当按照施工总平面布置图设置各项临时设施。现场堆放的大宗材料、成品、半成品和机具设备不得侵占场内道路及安全防护等设施。

4）施工现场的用电线路、用电设施的安装和使用必须符合安装规范和安全操作规程，并按照施工组织设计进行架设，严禁任意拉线接电。施工现场必须有保证施工安全的夜间照明；潮湿场所的照明以及手持照明灯具，必须采用符合安全要求的电压。

5）施工机械应当按照施工组织设计总平面图规定的位置和线路设置，不得任意侵占场内道路。施工机械进场后必须进行安全检查，经过检查合格后方能使用。施工机械操作人员必须按有关规定持证上岗，禁止无证人员操作机械设备。

6）应保持施工现场道路畅通，排水系统处于良好的使用状态；保持场容场貌的整洁，随时清理建筑垃圾。在车辆、行人通行的地方施工，应当设置施工标志，并对沟、井、坎、穴进行封闭。

7）施工现场的各种安全设施和劳动保护器具必须定期检查和维护，及时消除隐患，保证其安全有效。

8）施工现场必须设置各类必要的职工生活设施，并符合卫生、通风、照明要求。职工的膳食、饮水等应当符合卫生要求。

9）应当做好施工现场安全保卫工作，采取必要的防盗措施，在现场周边设立维护设施。

10）应当严格依照《中华人民共和国消防条例》的规定，在施工现场建立和执行防火管理制度，设置符合消防要求的消防设施，并保持完好的备用状态。在容易发生火灾的地区施工，或存储、使用易燃易爆器材时，应当采取特殊的消防安全措施。

11）施工现场发生的工程建设重大事故的处理，依照《工程建设重大事故报告和调查程序规定》执行。

2. 施工现场环境保护的措施有哪些？

答：施工现场环境保护是按照法律法规、各级主管部门和企业的要求，保护和改善作业现场环境，控制现场的各种粉尘、废水、废气、固体废弃物、噪声、振动等对环境的污染和危害。

施工现场环境保护的措施如下：

（1）妥善处理泥浆水，未经处理不得直接排入城市排水设施和河流；

（2）除设有符合规定的装置外，不得在施工现场熔融沥青或焚烧油毡、油漆以及其他会产生有毒有害烟尘和恶臭气体的物质；

（3）使用密封式的筒体或者采取其他措施处理高空废弃物；

（4）采取有效措施控制施工过程中的扬尘；

（5）禁止将有毒有害废弃物用作土方回填；

（6）对产生噪声、振动的施工机械，应采取外仓隔声材料降低声音分贝，避免夜间施工，减轻噪声扰民。

3. 施工现场环境污染物的处理方法是什么？

答：（1）施工现场空气污染物的处理

1）严格控制施工现场和施工运输过程中的降尘和飘尘对周围大气的污染，可采用清扫、洒水、覆盖、密封等措施降低污染。

2）严格控制有毒有害气体的产生和排放。如禁止随意焚烧油毡、橡胶、塑料、皮革、树叶、枯草、各种包装物等废弃物品，尽量不使用有毒有害的涂料等化学物质。

3）所有机动车尾气排放必须符合国家现行标准的规定。

（2）施工现场污水的处理

1）控制污水排放；

2）改革施工工艺，减少污水生产；

3）综合利用废水。

（3）施工现场噪声的处理

噪声控制可从声源、传播途径、接收者防护等方面来考虑。

1）声源控制。从声源上降低噪声，这是防止噪声污染的根本措施。包括尽量采用低噪声设备和工艺代替高噪声设备与工艺；在声源处安装消声器消声，严格控制人为噪声。

2）传播途径控制。从传播途径上控制噪声的方法主要有吸声、隔声、消声、减振降噪等。

3）接收者防护。让处于噪声环境下的人员使用耳塞、耳罩等防护用品，减少相关人员在噪声环境中的暴露时间，以减轻噪声对人体的危害。

（4）施工现场固体废弃物的处理

1）物理处理。包括压实、浓缩、破碎、分选、脱水、干燥等。

2）化学处理。包括氧化、还原、中和、化学浸出等。

3）生物处理。包括好氧处理、厌氧处理等。

4）热处理。包括焚烧、热解、焙烧、烧结等。

5）固化处理。包括水泥固化法、沥青固化法等。

6）回收利用。包括回收利用和集中处理等资源化、减量化的方法。

7）处置。包括土地填埋、焚烧、贮留池贮存等。

4. 施工安全危险源怎样分类？

答：施工安全危险源存在于施工活动场所及周围区域，是安全生产管理的主要对象。从本质上讲，能够造成危害（如伤亡事故、人身健康受到损害、物体受到破坏和环境污染）的均属于危险源。

（1）按危险源在事故发生过程中的作用分类

危险源导致事故可以归结为能量的意外释放或有害物质的泄漏。根据危险源在施工发生发展中的作用把危险源分为以下两类。

1）第一类危险源

能量和危险物质的存在是危害产生的根本原因，通常把可能发生意外释放的能量（能源或能量载体）或危险物质称为第一类危险源。第一类危险源危险性大小主要取决于以下几个方面：

① 能量或危险物质的数量；

② 能量或危险物质意外释放的强度；

③ 意外释放的能量或危险物质的影响范围。

2）第二类危险源

造成约束、限制能量和危险物质措施失控的各种不安全因素称为第二类危险源。第二类危险源主要体现在设备故障或缺陷（物的不安全状态）、人为失误（人的不安全行为）、环境因素和管理缺陷等几个方面。

事故的发生是两类危险源共同作用的结果，第一类危险源是事故发生的前提，第二类危险源的出现是第一类危险源导致事故发生的必要条件。在事故的发生和发展过程中，两类危险源相互依存、相辅相成。第一类危险源是事故的主体，决定事故的严重程度，第二类危险源出现的难易，决定事故发生的可能性大小。

（2）按引起的事故类型分

综合考虑事故的起因、致害物、伤害方式等特点，将危险源和危险源造成的事故分为20类。具体分为：物体打击、车辆伤害、机械伤害、起重伤害、触电、淹溺、灼烫、火灾、高处坠落、坍塌、冒顶片帮、透水、放炮、火药爆炸、瓦斯爆炸、锅炉爆炸、容器爆炸、其他爆炸（化学爆炸，炉膛钢水爆炸）、中毒和窒息、其他伤害（扭伤、跌伤、野兽咬伤等）。在建设工程施工生产中，最主要的事故类型是高处坠落、物体打击、触电、机械伤害、坍塌、火灾和爆炸。

5. 施工安全危险源的防范重点怎样确定?

答：施工安全重大危险源的辨识，是加强施工安全生产管理，预防重大事故发生的基础性工作。施工安全危险源的防范重点包括如下内容。

（1）对施工现场总体布局进行优化。整体考虑施工期内对周围道路、行人及邻近居民、设施的影响，采取相应的防护措施（全封闭防护或部分封闭防护）；平面布置应考虑施工区与生活区分隔，以及施工排水、安全通道、高处作业对下部和地面人员的影响；临时用电线路的整体布置、架设方法；安装工程中的设备、构配件吊运，起重设备的选择和确定，起重半径以外安全防护范围等。

（2）对深基坑、基槽的开挖，应了解场地土的类别，选择土的开挖方法、放坡坡度或固壁支撑的具体做法。

（3）30m以上脚手架或设置的悬挑架、大型模板工程，还应进行架体和模板承重强度、荷载计算，以保证施工过程的安全。

（4）施工过程中的“四口”（楼梯口、电梯口、通道口、预留洞口）应有防护措施。如楼梯口、通道口应设置1.2m高的防护栏杆并加装安全网；预留孔洞应加盖；大面积孔洞如吊装孔、设备安装孔、天井孔等应加周边栏杆并安装立网。

（5）“临边”防护措施。施工中未安装栏杆的阳台（走台）周边、无外架防护的屋面（或平台）周边、框架工程楼层周边、跑道（斜道）两侧边、卸料平台外侧边等均属于临边危险地域，应采取人员和物料下落的措施。

（6）当外电线路与在建工程（含脚手架）的外边缘之间达到最小安全操作距离时，必须采取屏障、保护网等措施。如果小于最小安全距离时，还应设置绝缘屏障，并悬挂醒目的警示标志。

定防雷、防电、防坍塌措施；冬季防火、防大风等措施。

6. 建筑工程施工安全事故怎样分类？

答：事故是指造成死亡、疾病、伤害、损坏或其他损失的事件。职业健康安全事故分为职业伤害和职业病两大类。职业伤害事故是指因生产过程及工作原因或与其相关的其他原因造成的伤亡事故。根据国家有关法规和标准的规定，伤亡事故按以下方法分类。

（1）按安全事故类别分类

根据《企业职工伤亡事故分类》GB 6441 的规定，将事故类别划分为物体打击、车辆伤害、机械伤害、起重伤害、触电、淹溺、灼烫、火灾、高处坠落、坍塌、冒顶片帮、透水、放炮、火药爆炸、瓦斯爆炸、锅炉爆炸、容器爆炸、其他爆炸（化学爆炸，炉膛钢水爆炸）、中毒和窒息、其他伤害共 20 大类。

（2）按事故后果严重程度分类

1）轻伤事故。造成职工肢体或某些器官功能性或器质性轻度损伤，表现为劳动能力轻度或暂时丧失的伤害，一般每个受伤人员休息 1 个工作日以上，105 个工作日以下。

2）重伤事故。一般指受伤人肢体残缺或视觉、听觉等器官受到严重损伤，能引起人体长期存在功能障碍和劳动能力有重大损失的伤害，或者造成每个受伤人损失 105 个工作日以上的失能伤害。

3）死亡事故。一次事故中死亡职工 1～2 人的事故。

4）重大伤亡事故。一次事故中死亡 3 人（含 3 人）以上 10 人以下的事故。

的特点是发病快，一般不超过1个工作日，有的毒物因毒性有一定的潜伏期，可在下班后数小时发病。

(3) 按生产安全事故造成的人员伤亡或直接经济损失分类

根据国务院令第493号《生产安全事故报告和调查处理条例》的规定，事故一般分为以下等级：

1) 特别重大事故。是指造成30人以上死亡，或者100人以上重伤（包括急性工业中毒，下同），或者1亿元以上直接经济损失的事故；

2) 重大事故。是指造成10人以上30人以下死亡，或者50人以上100人以下重伤，或者5000万元以上1亿元以下直接经济损失的事故；

3) 较大事故。是指造成3人以上10人以下死亡，或者10人以上50人以下重伤，或者1000万元以上5000万元以下直接经济损失的事故；

4) 一般事故。是指造成3人以下死亡，或者10人以下重伤，或者1000万元以下100万元以上直接经济损失的事故。

7. 建筑工程施工安全事故报告和调查处理的原则是什么？

答：建筑工程施工安全事故报告和调查处理的原则是：

在进行建筑工程施工安全事故报告和调查处理时，要实事求是、尊重科学，既要及时、准确地查明事故原因，明确事故责任，使责任人受到追究；又要总结经验教训，落实整改和防范措施，防止类似事故再次发生。必须坚持“四不放过”的原则：

(1) 事故原因不清楚不放过；

(2) 事故责任和员工没有受到教育不放过；

(3) 事故责任者没有受到处理不放过；

(4) 没有制定防范措施不放过。

8. 建筑工程施工安全事故报告及调查处理的

答：(1) 事故报告

(7) 施工工程、暂设工程、井架门架等金属构筑物，凡周围原有避雷设备的，均应有防雷设施，对易燃易爆作业场所必须采取防火防爆措施。

(8) 季节性施工的安全措施。如夏季防中暑措施，包括降温、防热辐射、调整作息时间、疏导风源等措施；雨期施工要制

1）施工单位事故报告。安全事故发生后，受伤者或最先发现事故的人员应立即用最快的传递手段，将发生事故的时间、地点、伤亡人数、事故原因等情况，向施工单位负责人报告；施工单位负责人接到报告后，应当在 1 小时内向事故发生地县级以上人民政府建设主管部门和有关部门报告。实行施工总承包的建设工程，由总承包单位负责上报事故。

2）建设主管部门事故报告。建设主管部门接到事故报告后，应当依照规定上报事故情况，并通知安全生产监督管理部门、公安机关、劳动保障行政主管部门、工会和人民检察院。

3）事故报告的内容。事故发生的时间、地点和工程项目、有关单位名称；事故的简要经过；事故已经造成或者可能造成的伤亡人数（包括下落不明的人数）和初步估计的直接经济损失；事故的初步原因；事故发生后采取的措施及事故控制情况；事故报告单位或事故报告人员；其他应当报告的情况。

（2）事故调查处理的程序

1）组织调查组

① 施工单位项目经理应指定技术、安全、质量等部门的人员，会同企业工会、安全管理部门组成调查组，开展调查。

② 建设主管部门应当按照有关人民政府的授权或委托组织事故调查组，对事故进行调查。

2）现场勘察

现场勘察的主要内容有：

① 现场笔录。包括事故发生的时间、地点、气象等；现场勘察人员姓名、单位、职务；现场勘察起止时间、勘察过程；能量失散所造成的破坏情况、状态、程度等；设备损坏或异常情况及事故前后的位置；事故发生前的劳动组合、现场人员的位置和行动；散落情况；重要物证的特征、位置及检验情况等。

② 现场拍照。包括方位拍照，反映事故现场在周围环境中的位置；全面拍照，反映事故现场各部分之间的关系；中心拍照，反映事故现场中心情况；细目拍照，提示事故直接原因的痕

5）特大伤亡事故。一次事故中死亡 10 人
的事故。

6）急性中毒事故。指生产性毒物一次或短
吸道、皮肤或消化道大量进入人的体内，使人在
变，导致职工立即中断工作，并需急救或死亡的

迹物、致害物等；人体拍照，反映伤亡者主要受伤和造成死亡伤害部位。

③ 现场绘图。根据事故类别和规模以及调查工作的需要应绘制下列示意图：建筑物平面图、剖面图；发生事故时人员位置及活动图；破坏物立体图或展开图；涉及范围图、设备或工器具构造图等。

3）分析事故原因

① 通过全面调查来查明事故经过，弄清造成事故的原因，包括人、物、生产管理和技术管理方面的问题，经过认真、客观、全面、细致、准确的分析，确定事故的性质和责任。

② 分析事故原因时，应根据调查所确认的事实，从直接原因入手逐步深入到间接原因，通过对直接原因和间接原因的分析确定事故中的直接责任者和领导责任者，再根据其在事故发生过程中的作用确定主要责任者。

③ 事故性质类别分为责任事故、非责任性事故、破坏性事故。

4）制定预防措施

根据事故原因分析，制定防止类似事故再次发生的措施。同时，根据事故后果对事故责任者应负的责任提出处理意见。对于重大未遂事故不可掉以轻心，应认真地按上述要求查明原因，分清责任，严肃处理。

5）写出调查报告

事故调查报告的内容包括：

① 事故发生单位的概况；

② 事故发生的经过和事故救援情况；

③ 事故造成的人员伤亡和直接经济损失；

④ 事故发生的原因和事故性质；

⑤ 事故责任认定和对事故责任者的处理建议；

⑥ 事故防范和整改措施。

6）建设主管部门的事故处理

建设主管部门的事故处理包括以下三点：

① 依据有关人民政府对事故的批复和有关法律法规的规定，对事故相关责任者实施行政处罚。处罚权限不属于本级建设主管部门的，应当在收到事故报告批复 15 个工作日内，将事故调查报告（附具有关证据材料）、结案批复、本级建设主管部门对有关责任者的处理建议等转送有权限的建设主管部门。

② 依照有关法律法规的规定，对因降低安全生产条件导致事故发生的施工单位给予暂扣或吊销安全生产许可证的处罚；对事故负有责任的相关单位给予罚款、停业整顿、降低资质等级或吊销资质证书的处罚。

③ 依照有关法律法规的规定，对事故发生负有责任的注册执业资格人员给予罚款、停止执业或吊销其注册执业资格证书的处罚。

第三章 岗位知识

第一节 常用测量仪器的使用

1. 怎样使用水准仪进行工程测量?

答：使用水准仪进行工程测量的步骤包括安置仪器、粗略整平、瞄准目标、精平、读数等几个步骤。

（1）安置仪器

把三脚架安置在距离两个测站点大致等距离的位置，保证架头大致平行。打开三脚架调整至高度适中，将架脚伸缩螺栓拧紧，并保证脚架与地面稳固连接。从仪器箱中取出水准仪置于架头，用架头上的连接螺栓将仪器与三脚架连接牢固。

（2）粗略整平

首先使物镜平行于任意两个螺栓的连线；然后两手同时向内和向外旋转调平螺栓，使气泡移至两个最先操作的调平螺栓连线中间；再用左手旋转顶部另外一只调平螺栓，使气泡居中。

（3）瞄准目标

首先将物镜对着明亮的背景，转动目镜调焦螺旋，调节十字丝清楚。然后松开制动螺旋，利用粗瞄准器瞄准水准尺，拧紧水平制动螺旋。再调节物镜调焦螺旋，使水准尺分划清楚，调节水平微动螺旋，使十字丝的竖丝照准水准尺边缘或中央。

（4）精平

目视水准管气泡观察窗，同时调整微倾螺旋，使水准管气泡两端的影像重合，此时水准仪达到精平（自动安平水准仪不需要此步操作）。

（5）读数

眼睛通过目镜读取十字丝中丝水准尺上的读数，直接读米、分米、厘米，估读毫米，共四位。

2. 工程中怎样使用光学经纬仪？

答：为了节省篇幅，本书主要介绍 J_6 级光学经纬仪的使用方法。

（1）对中

对中的目的是使仪器中心（竖轴）与测站点位于同一铅垂线上。对中时，应先把三脚架张开，架设在测点上，要求高度适宜，架头大致水平。然后挂上垂球。平移三脚架使垂球尖大致对准测站点。再将三脚架踏实，装上仪器，同时应把连接螺旋稍微松开，在架头上移动仪器精确对中，误差小于 2mm，旋紧连接螺栓即可。

（2）整平

整平的目的是让仪器的竖轴竖直，水平度盘处于水平位置。

整平时松开制动螺旋，转动照准部，让水准管大致平行于任意两个脚螺旋的连接，如图 3-1（*a*）所示，两手同时向内和向外旋转这两个脚螺旋使气泡居中，气泡的移动方向与左手大拇指（或右手食指）移动的方向一致。将照准部旋转 90°，水准管处于原位置的垂直位置，如图 3-1（*b*）所示，用另一个脚螺旋使气泡居中。反复操作，直至照准部转动到任何位置，气泡都居中为止。

（3）使用光学对中器对中和整平

使用光学对中器对中，应与整平仪器结合进行。其操作步骤如下：

1）将仪器置于测站点上，三个调焦螺旋调至中间位置，架头大致水平，让仪器大致位于测站点的铅垂线上，将三脚架踏实。

2）旋转光学对中器的目镜，看清分划板上的圆圈，拉或推动目镜使测站点影像清晰。

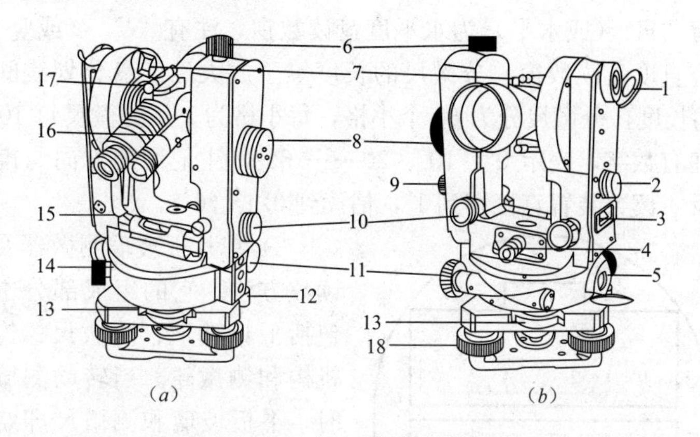

图 3-1 DJ_2 型光学经纬仪

1—竖盘反光镜；2—竖盘指标水准管观察镜；3—竖盘指标水准管微动螺旋；4—光学对中器目镜；5—水平度盘反光镜；6—望远镜制动螺旋；7—光学瞄准器；8—测微轮；9—望远镜微动螺旋；10—换像手轮；11—水平微动螺旋；12—水平度盘变换手轮；13—中心锁紧螺旋；14—水平制动螺旋；15—照准部水准管；16—读数显微镜；17—望远镜反光扳手轮；18—脚螺旋

3）旋转脚螺旋使光学对中器对准测站点。

4）利用三脚架的伸缩螺旋调整架脚的长度，使圆水准气泡居中。

5）利用螺旋整平照准部水准管。

6）用光学对中器观察测站点是否偏离分划板圆圈中心。如果偏离中心，稍微松开三脚架连接螺栓，在架头上移动仪器，圆圈中心对准测站点后旋紧连接螺旋。

7）重新整平仪器，直至光学对中器对准测站点为止。

（4）读数

1）分微尺测微器及其读数方法。J_6 级光学经纬仪采用分微尺测微器进行读数。这类仪器的度盘分划值为 1°，按顺时针方向注记每度的度数。在读数显微镜的读数窗上装有一块带分划的分微尺，度盘上的分划线间隔经显微镜物镜放大后成像于分微尺上。图 3-2 读数为显微镜内所看到的度盘和分微尺的影像，上面注有“H”（或水平）为水平度盘读数窗，注有“V”（或竖直）为竖直度盘读数窗，分微尺的长度等于放大后度盘分划线间隔1°的长度，分微尺分为 60 个小格，每小格为 1′。分微尺每 10 小格注有数字，表示 0′、10′、20′……60′，注记增加方向与度盘相反。读数装置直接读到 1′，估读到 0.1′（6″）。

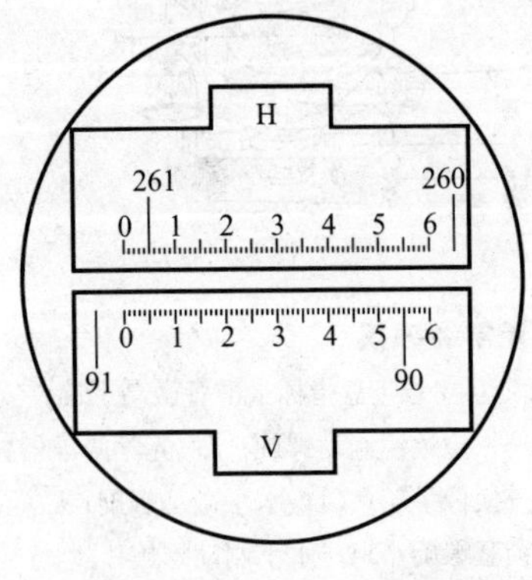

图 3-2　分微尺读数窗

2）单片板玻璃测微器及其读数方法。它的组成部分主要包括平板玻璃、测微尺、连接机构和测微轮。当转动测微轮时，平板玻璃和测微尺即绕同一轴作同步转动。如图 3-3（*a*）所示，光线垂直通过玻璃板，度盘分划线的影像未改变原来位置，与未设置平板玻璃一样，此时测微尺上读数为零，如图所示读数窗上的双指标线读数应为 92°＋*a*，转动测微轮，平板玻璃随之转动，度盘分划线的影像也就平行移动，当 92°分划线的影像夹在双指标线的中间时，如图 3-3（*b*）所示，度盘分划线的影像正好平行移动一个 *a*，而 *a* 的大小则可由与平行玻璃板同步转动的测微尺上读出，起止为 18′20″。所以整个读数为 92°＋18′20″＝92°18′20″。

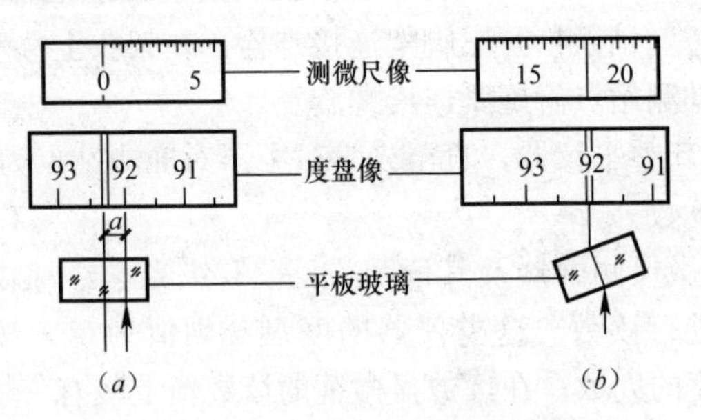

图 3-3　平板玻璃测微器原理

3. 怎样使用全站仪进行工程测量？

答：用全站仪进行建筑工程测量的操作步骤包括测前的准备工作、安置仪器、开机、角度测量、距离测量和放样。

（1）测前的准备工作

安装电池，检查电池的容量，确定电池电量充足。

（2）安置仪器

全站仪安置步骤如下：

1）安放三脚架，调整长度至高度适中，固定全站仪到三脚架上，架设仪器使测点在视场内，完成仪器安置。

2）移动三脚架，使光学对点器中心与测点重合，完成粗对中工作。

3）调节三脚架，使圆水准气泡居中，完成粗平工作。

4）调节脚螺旋，使长水准气泡居中，完成精平工作。

5）移动基座，精确对中，完成精对中工作；重复以上步骤直至完全对中、整平。

（3）开机

按开机键开机。按提示转动仪器望远镜一周显示基本测量屏幕。确认棱镜常数值和大气改正值。

（4）角度测量

仪器瞄准角度起始方向的目标，按键选择显示角度菜单屏幕（按置零键可以将水平角读数设置为 $0°00'00''$）；精确照准目标方向仪器即显示两个方向间水平夹角和垂直角。

（5）距离测量

按键选择进入斜距测量模式界面；照准棱镜中心，按测距键两次即可得到测量结果。按 ESC 键，清空测距值。按切换键，可将结果切换为平距、高差显示模式。

（6）放样

选择坐标数据文件。可进行测站坐标数据及后视坐标数据的调用；置测站点；置后视点，确定方位角；输入或调用待放样点坐标，开始放样。

4. 怎样使用红外线测距仪进行工程测量？

答：用红外线测距仪可以完成距离、面积、体积等测量工作。

（1）距离测量

1）单一距离测量。按测量键，启动激光光束，再次按测量键，在1s内显示测量结果。

2）连续距离测量。按住测量键2s，可以启动连续距离测量模式。在连续测量期间，每8～15s一次的测量结果更新显示在结果行中，再次按测量键终止。

（2）面积测量

按面积功能键，激光光束切换为开。将测距仪瞄准目标，按测量键，将测得并显示所量物体的宽度，再按测量键，将测得物体的长度，且立即计算出面积，并将结果显示在结果行中。计算面积按所需的两端距离，显示在中间的结构行中。

5. 使用大平板仪进行工程测量的基本内容有哪些？

答：平板仪测量基本内容包括：

（1）基本概念

平板仪为野外直接测绘地图之仪器，其主要部分为可支撑于脚架上的平板，及用以瞄准方向线，求取距离及高程的照准仪。在平板上贴布图纸，以照准绘划目标之方向线，测定其距离及高程，据之绘划点或地形，称为平板测量。

（2）平板仪的构造

平板仪分为三大部分：平板、照准仪以及附件（对点装置则以求心仪对点）。

1）平板。平板亦称测板，为长方形，大小不一，其长为30～70cm，厚约1.5～2cm。用坚实且经过良好处理的数块木板叠合拼成，四周镶以木框，以防弯曲。平板的要求在于光滑平整，不发生变形。与平板相连的基座，有金属的、木质的和球窝状的。三脚架与经纬仪和水准仪的三脚架大致相同。

2）照准仪。分为望远镜照准仪及测斜照准仪两种。

3）附件。大平板仪的附件包括对点器、定向罗盘、圆水准器，如图 3-4 所示。

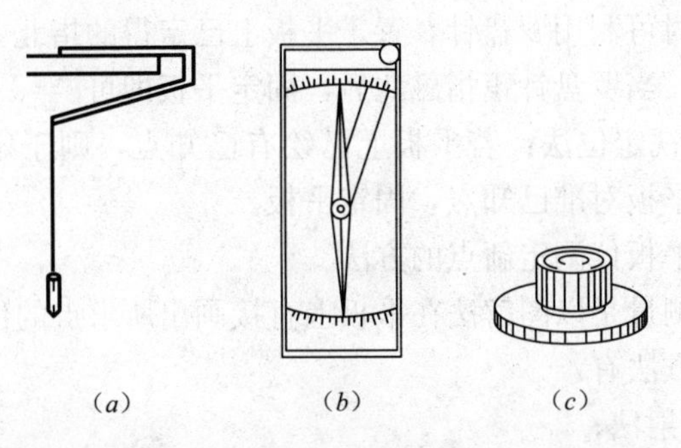

(*a*)　　(*b*)　　(*c*)

图 3-4　大平板仪的附件

(*a*) 对点器；(*b*) 定向罗盘；(*c*) 圆水准器

① 对点器。用来对点，使平板上的点和相对地面点在同一条铅垂线上。

② 定向罗盘。初步定向，使平板仪图纸上的南北方向和实际南北方向接近一致。

③ 圆水准器。用来整平平板仪的平板。

(3) 平板仪的装置

平板仪测量野外工作第一步为整置平板，其作业分为三个步骤，即定心、定平及定位。分述如下：

1）定心。定心的意义在于使平板上测站点位与地面对应点位在同一铅垂线上。平板仪可使用求心仪对点定心。精确定心只在大比例尺测量（如 1∶500 或 1∶600）中属必要，1∶1000 只要在图上定位在地面测站即可。1∶10000 则只需置平板于测站 1m 内，对测图即无影响，因 1m 相应之图上距离为 0.1mm，在展点所能达到的精度以内，故可不计之。

2）定平。定平即使平板水平。定平时将水平管置于平板中央，先后在互成正交的两个方向上，藉倾斜平板以使气泡居中，并反复检查。

3）定位。定位的目的是使平板上各控制点的方位与实地上相应各点的方位一致。定位的方法有下列两种：

① 磁针定位法：施测小比例尺或不需要精密的地图时，在放置平板时可利用罗盘针，置于平板上已定得的指北方向线，再旋转平板，当罗盘针正指磁北后，固定平板即可。

② 后视定位法：若平板上已绘有已知点，则于定心、定平后，旋转平板对准已知点，固定平板。

（4）平板仪测定新点的方法

平板测量是以图解法在平板上直接画出所求点的位置，其常用的基本方法有：

1）辐射法；

2）导线法；

3）前方交会法；

4）侧方交会法；

5）后方交会法；

6）二点定位法。

在实际应用中皆以大写英文字母表示地上测站，小写英文字母表示相应的图上测站点，并将平板放大以利说明。限于篇幅，这里仅介绍辐射法。

辐射法又称光线法，系自同一中心点向四周各目标作辐射形的方向线，量出其距离以定其位置，其步骤如下：

1）整置平板于已知点 O（如 O 点非已知点，则在测板上适宜位置定一点 O）。

2）在 O 点插标杆，将平板仪竖丝切于此标杆而瞄准 A，画 OA 方向线。

3）量 OA 之平距，按比例尺缩小，由 O 点沿 OA 方向线量此距离至 a，即为 A 点的图上点位。

4）其他各点用同样方法定位。

6. 怎样进行平板仪检验与校正？

答：对平板仪照准仪的检验和校正包括如下内容：

（1）照准仪直尺的斜边应呈一直线

将照准仪放在测板上，用削得很尖的铅笔沿直尺斜边画一条与直尺一样长的直线，然后将照准仪掉头而放到所画直线的一边，根据原直线两端点，再画一条直线。如果缩合的两条直线重合，则表示满足条件，否则应送专业的修理单位进行修理。

（2）照准仪直尺上的水准管轴应平行于直线的底平面

将照准仪放在测板的中央，并使水准管和两个脚螺旋的连线平行，沿着直斜边画一直线，并转动脚螺旋使气泡居中，然后将照准仪的两端掉头，使直线斜边仍贴在原来的直线上，同时支柱仍放置于测板的中央，若此时气泡仍然居中，则此条件是满足的，否则应拨动水准管上的校正螺旋使气泡向中间移动偏差弧长的一半，而另一半用脚螺旋整平测板移动之。这一检验校正要重复进行直至条件满足为止。

（3）十字丝的竖丝应在望远镜的视准面内

此项检验校正与经纬仪中十字丝应垂直于横轴的检验校正基本相同。

（4）视准轴应垂直于横轴

首先使测板水平，以望远镜大致水平的位置瞄准远处一明显目标，并沿直尺斜边画一直线，在线上接近观测者的一端定一点，倒转望远镜，并将整个照准仪掉头使直尺斜边仍经过上面所定的点，再瞄准原来的目标，沿直尺斜边画一直线，若两直线重合，则表示条件已满足，否则两直线交成一夹角，把直尺边放在所交角分角线上，利用十字丝的校正螺旋，使十字丝交点对准远处的目标。

（5）横轴应平行于照准仪直尺的底平面

整平后在距仪器 30m 处，先瞄准一高点，沿直尺斜边画一直线，再以望远镜水平位置瞄准另一低点并做标志；然后倒转望远镜并将整个照准仪掉头，使直尺斜边仍切于原直线，同样先照准高点，再放平望远镜照准低点，若仍照准原标志的低点，则条件满足，否则需要校正。两低点的差异即为横轴误差影响的两倍。

（6）视准面应通过直尺的斜边或与它平行

检验时将十字丝的交点对准远处的一点，并沿直尺斜边画一直线，在这条直线的两端插两根细针，然后看这两根细针是否遮住所瞄准的点，如果遮住了，则此条件满足，否则将固定支柱于直尺上的螺旋放松，转动支柱使条件满足。对于那种也是利用螺旋校正横轴的照准仪，经过这一项检校后，要重新检验横轴是否仍然平行于直尺的底平面。

（7）竖盘的指标差应等于零

这一项的检验方法与经纬仪的检验方法相同。

（8）附件的检验

水准器附件的检验校正原理和方法，与水准仪和经纬仪上有关附件的检验和校正相同。

7. 怎样进行激光铅直仪的检验与校正？

答：（1）望远镜视准轴与竖轴重合的检验和校正

望远镜视准轴与竖轴重合的检验和校正见表3-1。

望远镜视准轴与竖轴重合的检验和校正　　表3-1

项目	内　容
检验	在一定高度（高度越高，检验和校正越精确）处放一张带十字线的方格纸，在方格纸下方架设仪器，使仪器精确照准方格纸的十字线，仪器转动180°，如果方格纸的十字线的像与望远镜分划板十字丝有偏移，则需进行校正
校正	打开仪器护盖，用左、右、上、下四个调整螺丝，校正偏离量的1/2。反复检查和校正，直至仪器转到任意位置时，方格纸的十字线的像都与望远镜分划板十字丝严格重合，校正完毕，盖好护盖

(2) 光学对点器的检验和校正

光学对点器的检验和校正见表 3-2。

光学对点器的检验和校正　　表 3-2

项目	内　　容
检验	在三脚架上安置仪器，在仪器下放一张带十字线的方格纸，使仪器光学对点器分划板圆圈中心与方格纸的十字线中心重合，仪器转动 180°，如果方格纸的十字线的像与对点器分划板十字丝偏离量大于 1mm，则需进行校正
校正	打开仪器对点器的对点护盖，用左、右、上、下四个调整螺丝校正偏离量的 1/2。反复检查和校正，直至仪器转到任意位置时，方格纸的十字丝的像都与对点器分划板十字丝严格重合（偏离量不大于 1mm），校正完毕，盖好对点护盖

(3) 激光光轴与望远镜视准轴同焦的检验和校正

激光光轴与望远镜视准轴同焦的检验和校正见表 3-3。

激光光轴与望远镜视准轴同焦的检验和校正　　表 3-3

项目	内　　容
检验	在一定高度（高度越高，检验和校正越精确）处放一张带十字线的方格纸，在方格纸下方架设仪器，旋转望远镜目镜，至能清晰看见分划板的十字丝，旋转调焦手轮方格纸清晰地成像在分划板的十字丝上，此时眼睛作左、右、上、下移动，方格纸的像与十字丝无任何相对位移即无视差，调焦完毕。按下激光开关，此时方格纸上的激光光斑应最小。微动调焦手轮，使激光光斑最小，然后在望远镜处眼睛作左、右、上、下移动，方格纸的像与十字丝应无任何相对位移即无视差，如果有视差，应校正
校正	关闭激光，旋转望远镜目镜至能清晰看见分划板十字丝，旋转调焦手轮，使方格纸清晰地成像在分划板的十字丝上。此时眼睛作左、右、上、下移动，方格纸的像与十字丝无任何相对位移即无视差，调焦完毕。按下激光开关，点亮激光，拧下护盖，拧下电池盖上的锁紧手轮，两手指按住激光护罩并向外取出激光护罩，松开紧定螺丝，微量调整激光座上的四个压紧螺丝，使方格纸上的激光光斑最小，反复检验和校正，直到符合要求为止。最后拧紧紧定螺丝

(4) 激光光轴与望远镜视准轴同轴的检验和校正

激光光轴与望远镜视准轴同轴的检验和校正见表 3-4。

激光光轴与望远镜视准轴同轴的检验和校正　　表 3-4

项目	内容
检验	在一定高度（高度越高，检验和校正越精确）处放一张带十字线的方格纸，在方格纸下方架设仪器，旋转望远镜目镜至能清晰看见分划板的十字丝，旋转脚螺旋使仪器精确照准方格纸上的十字丝，按下激光开关，此时方格纸上的激光光斑中心应与方格纸的十字丝中心重合，否则应校正
校正	调整前、后、左、右四个激光校正螺丝，使激光光斑中心与方格纸的十字丝中心严格重合。最后上好激光护罩，盖好护盖，装好电池盖并拧上电池盖上的锁紧手轮，套上可卸式滤光片

8. 高程测设要点有哪些?

答：已知高程的测设，就是根据一个已知高程的水准点，将另一点的设计高程测设到实地上。高程测设要点如下：

(1) 假设 A 点为已知高程水准点，B 点的设计高程为 H_B。

(2) 将水准仪安置在 A、B 两点之间，先在 A 点立水准尺，读得读数为 a，由此可以测得仪器视线高程为 $H_i=H_A+a$。

(3) B 点在水准尺的读数确定。要使 B 点的设计高程为 H_B，则在 B 点的水准尺上的读数为 $b=H_i-H_B$。

(4) 确定 B 点设计高程的位置。将水准尺紧靠 B 桩，在其上、下移动水准尺，当中丝读数正好为 b 时，则尺底部高程即为要测设的高程 H_B。然后在 B 桩上沿尺底部做记号，即得设计高程的位置。

(5) 确定 B 点的设计高程。将水准尺立于 B 桩顶上，若水准仪读数小于 b 时，逐渐将桩打入土中，使尺上读数逐渐增加到 b，这样 B 点桩顶的高程就是 H_B。

9. 已知水平距离的测设要点有哪些？

答：已知水平距离的测设，就是由地面已知点起，沿给定方向，测设出直线上另一点，使得两点的水平距离为设计的水平距离。

（1）钢尺测设法

以 A 点为地面上的已知点，D 为设计的水平距离，要在地面给定的方向测设出 B 点，使得 A、B 两点的水平距离等于 D。

1）将钢尺的零点对准地面上已知的 A 点，沿给定方向拉平钢尺，在尺上读数为 D 处插测钎或吊垂球，以定出一点。

2）校核。将钢尺的零点移动 10～20cm，同法再测定一点。当两点相对误差在允许范围（1/3000～1/5000）内时，取其中点作为 B 点的位置。

（2）全站仪（测距仪）测设法

将全站仪（测距仪）安置于 A 点，瞄准已知方向，观测人员指挥施棱镜人员沿仪器所指方向移动棱镜位置，当显示的水平距离等于待测设的水平距离时，在地面上标定出点 B，然后实测A、B两点的水平距离，如果测得的水平距离与已知距离之差不符合精度要求，应进行改正，直到测设的距离符合限差要求为止。

10. 已知水平角测设的一般方法的要点有哪些？

答：设 AB 为地面上的已知方向，顺时针方向测设一个已知的水平角 β，定出 AC 的方向。具体做法是：

（1）将经纬仪和全站仪安置在 A 点，用盘左瞄准 B 点，将水平盘设置为 0°，顺时针旋转照准部使读数为 β 值，在此视线上定出 C' 点。

（2）然后用盘右位置按照上述步骤再测一次，定出 C'' 点。

（3）取 C' 到 C'' 的中点为 C，则 $\angle BAC$ 即为所需测设的水平角 β。

第二节　建筑定位放线、地形图测绘及控制测量

1. 建筑物的定位和放线方法各有哪些?

答：(1) 建筑物的定位

建筑物的定位是根据设计图纸的规定，将建筑物的外轮廓墙的各轴线交点即角点测设到地面上，作为基础放线和细部放线的依据。常用的建筑物定位方法有以下几种。

1) 根据控制点定位。如果建筑物附近有控制点可供利用，可根据控制点和建筑物定位点设计坐标，采取极坐标法、角度交会法或距离交会法将建筑物测设到地面上。其中极坐标法用得较多。

2) 根据建筑基线和建筑方格网定位。建筑场地已有建筑基线或建筑方格网时，可根据建筑基线或建筑方格网和建筑物定位点设计坐标，用直角坐标等方法将建筑物测设到地面上。

3) 根据与原有建（构）筑物或道路的关系定位。当新建建筑物与原有建筑物或道路的相互位置关系为已知时，则可以根据已知条件的不同采用不同的方法将新建的建筑物测设到地面上。

(2) 建筑物的放线

建筑物的放线是根据已定位的外墙轴线交点桩，详细测设各轴线交点的位置，并引测至适宜位置做好标记。然后据此用白灰撒出基坑（槽）开挖边界线。

1) 测设细部轴线交点。根据建筑物定位所确定的纵向两个边缘的定位轴线，以及横向两个边缘的定位轴线确定四个角点就是建筑物的定位点，这四个角点已在地面上测设完毕。现欲测设次要轴线与主轴线的交点。可利用经纬仪加钢尺或全站仪定位等方法依次定出各次要轴线与主轴线的交点位置，并打入木桩钉好小钉。

2) 引测轴线。基坑（槽）开挖时，所有定位点桩都会被挖掉，为了使开挖后各阶段施工能恢复各轴线位置，需要把建筑物

各轴线延长到开挖范围以外的安全地点，并做好标志，称为引测轴线。

① 龙门板法。在一般民用建筑中常用此法。

a. 在建筑物四角和之间隔墙的两侧开挖边线约2m处，钉设木桩，即龙门桩。龙门桩要铅直、牢固，桩的侧面应平行于基槽。

b. 根据水准控制点，用水准仪将±0.000（或某一固定标高值）标高测设到每个龙门桩外侧，并做好标志。

c. 沿龙门桩上±0.000（或某一固定标高值）标高线钉设水平的木板，即龙门板，应保证龙门板标高误差在规定范围内。

d. 用经纬仪或拉线方法将各轴线引测到龙门板顶面，并钉好小钉，即轴线钉。

e. 用钢尺沿龙门板顶面检查轴线钉的间距，误差应符合有关规范的要求。

② 轴线控制桩法。龙门板法占地面积大，使用材料较多，施工时易被破坏。目前工程中多采用轴线控制桩法。轴线控制桩一般设在轴线延长线上距开挖边线4m以外的地方，牢固地埋设在地下，也可把轴线投测到附近的建筑物上，做好标志，代替轴线控制桩。

2. 房屋的基础施工测量包括哪些内容?

答：一般将基础分为墙基础和柱基础。基础施工测量的主要内容是放样基槽开挖边线、控制基础的开挖深度，测设垫层的施工高程和放样基础模板的位置。

（1）放线

即放样基槽开挖边线。基础开挖前，根据轴线控制桩（或龙门板）的轴线位置和基础大样图上的基槽宽度，并考虑基础挖深应放坡的尺寸，计算出基槽开挖边线的宽度。由桩中心向两边各量出基槽开挖边线宽度的1/2作出记号。在地面两个对应的记号点之间拉线，在拉线位置上用白灰放出基槽边线（或称基础开挖线)，就可以按照白灰线位置开挖基槽，施工上称之为“放线”。

(2) 抄平

开挖基槽时，不得超挖基底，要随时注意挖土的深度。为了控制基槽的开挖深度，当基槽挖到离槽底设计高程 0.300～0.500m 时，用水准仪在槽壁上每隔 2～3m 和拐角处钉一个水平桩，用以控制挖槽深度及作为清理槽底和铺设垫层的依据，施工上称之为“抄平”。基槽开挖完成后，应根据轴线控制桩或龙门板，复核基槽宽度和槽底标高，合格后方可进行垫层施工。

(3) 撂底

即垫层和基础放样。基槽开挖完成后，应在基坑底设置垫层标高桩，使桩顶面的高程等于垫层设计高程，作为垫层施工的依据。垫层施工完成后，根据轴线控制桩（或龙门板）的轴线位置，用拉线的方法，通过吊垂球将墙基轴线投设到基坑底的垫层上，用墨斗弹出墨线，并用红漆画出标记，施工上称之为“撂底”。墙基轴线投设完成后，应按设计尺寸复核。

(4) 找平

对基础的标高进行控制和检测，施工上称之为“找平”。

3. 怎样应用地形图？

答：地形图应用包括如下内容：

(1) 地形图的定向

在野外使用地形图前，经常需要首先使地形图的方位与实地的地理方位相一致。一般利用罗盘或特定的地形物来达到使地形图定向的目的。

在地形图中，图廓纵边一般是真子午线方向，同时图中一般亦给定了磁子午线方向及磁偏角、坐标网格和子午线收敛角。子午线收敛角是坐标纵线与真子午线的夹角。坐标网格为正方形，一般大小为 2cm×2cm，又称方里网。

在地形图定向时，首先打开已作磁偏角校正的罗盘，并置于平放的地形图上，将罗盘的长边平行于代表真子午线的方向，使罗盘及地形图水平；然后将罗盘和地形图一起转动，至磁北针指向罗盘的0°位置为止，此时地形图定向完成。可目估对照地形图与实际地形地物之间方位进行检查。

(2) 在地形图上定地质点

野外工作，无论是线路地质调查、地质测量，还是矿产调查等工作，都需要在地形图上确定各种性质地质点的位置，一般称作定地质点。有时要确定自己所在的位置或者确定地形地物在地形图上所标定的位置，也需要定点。

在地形图上定地质点时，除要求地质现象观察准确无误外，还要求将欲定点的实际位置准确地填绘在地形图上。这就要求熟练地判断地形图上所标绘的地形地物符号，将一张平面的地形图看成是山峦起伏、沟谷交错的生动画面，这样在图上才能准确地判断各种地形单元间的相互位置关系。一般是直接观察周围地形地物的分布特征，与图面地形相对照，来确定欲定点在图上的位置。也可以用已知的地形地物进行后方交会，从而确定我们自己所在的位置并将其定在图上。但精度要求比较高的大比例尺地质测量时，必须用经纬仪将地质点定在地形图上，并在实际位置上钉上木桩作为标记。如果所用地形图比较准确，利用周围地物、地形定点，既准确又方便。例如，在道路交叉、公路、河流拐弯、村庄、房屋、桥梁、水坝等明显特征地物附近定地质点时，首先将地形图定向，将实际地物与地形图上的标记一一对应。

目估地质点与地物之间的距离，就可方便而准确地定出地质点在图上的位置。当周围的地形特征不太明显又无明显地物可参照时，可用后方交会法，来确定我们所在地点在地形图上的位置。首先要确定实地较明显的2～3个目标，而且在地形图上能够准确找到，作为已知点。两个已知点与我们所在的地点连线最好近于直交。用罗盘准确测定我们所在地点对应于两个已知点的方位，然后用量角器在图上画出方位线，两线之交点应该是我们所在的地点。最后用第三个已知目标点进行检查。三条方位线应交于同一点上，如果不交于一点，便出现误差三角形，三角形过大就超出了误差范围。后方交会法定点原则：选择 2～3 个目标明显，且在地形图上能够准确找到的已知方位的点；目标不能距观察者太远；两目标与观察者的连线交角应大于 30°，以 60°～120°为最佳；有条件的话选择第三个点进行校正。

4. 在城市建设中地形图的作用有哪些？

答：城市的建设离不开地形图，在确定城市的整体布局时需用各种大、中、小比例尺的地形图。比如：道路的规划、各种管线的规划、工矿企业的规划以及各种建筑物的规划等。在设计中如果没有地形图，设计人员就没办法确定各种工程及相应建筑物的具体位置。利用 1∶2000 或 1∶500 比例尺地形图作为选址的依据和进行总图设计的地图，设计人在图上寻找合适的位置，放样各种设施、量取距离和高程，并进行工程的定位和定向及坡度的确定，从而计算工程量和工程费用等。设计人员只有掌握了可靠的自然地理、资源及经济情况后才能进行正确合理的设计。

地形图除了在设计阶段的作用外，在工程施工和工程竣工验收过程中也少不了。总之，地形图是工程建设中必不可少的重要资料，没有确实可靠的资料是无法进行设计的。地形资料的质量也将直接影响到设计的质量和工程的使用效果。所以，在有关规程中明确规定：没有确实可靠的设计基础资料，是不能进行设计的。

5. 城镇建筑区的地形图测绘的内容包括哪些？

答：城镇建筑区的地形图测绘包括如下内容：

（1）城镇建筑区宜采用全站仪测图，也可采用平板测图。

（2）各类建（构）筑物、管线、交通等及其相应附属设施和独立性地物的测量，应遵守一般地形图测图的规定。

（3）房屋、街巷的测量，对于 1∶500 和 1∶1000 比例尺的地形图，应分别实测；对于 1∶2000 比例尺的地形图，小于 1m 宽的小巷，可适当合并；对于 1∶5000 比例尺的地形图，小巷和院落连片的，可合并测绘。

街区凹凸部分的取舍，可根据图的需要和实际情况确定。

（4）各街区单元的出入口及建筑物的重要部位，应测注高程点；主要管路在图上每隔 5cm 处和交叉、转折、起伏变换处，应测注高程点；各种管线的检修井，电力线路、通信线路的杆（塔），架空管线的固定支架，应测出位置并适当测注高程点。

（5）对于地下建（构）筑物，可只测量其出入口和地面通风口的位置和高程。

6. 地形图的修测包括哪些内容？

答：地形图的修测包括如下内容：

（1）修测前应了解原图施测质量，收集有关资料，并到实地踏勘，从而制定修测方案。

（2）对修测图应检查图廓方格网的变化，当图纸伸缩使方格网实际长度与名义长度之差超过 0.2mm 时，应采用适当方法进行纠正。

（3）修测工作应利用原有的邻近图根点和测有坐标的固定地物点设站进行。

（4）当局部地区地物变动不大时，可利用原有经过校核、位置准确的地物点，进行装测和设站修测。修测后的地物不应再作为修测新地物的依据。

（5）有下列情况之一者，应先补设图根控制点再进行修测：

1）地物变动较大或周围地物关系控制不足。

2）补测新的住宅楼群或独立的高大建筑物。

3）修测丘陵地、山地及高山地的地貌。

（6）修测平地高程点宜从邻近的高程点引测，局部地区少量的高程点，也可利用三个固定的高程点作为依据进行补测，其高程较差不得超过 10cm，并取用平均值。

（7）地形图的修测应符合下列规定：

1）新测地物和原有地物的间距中误差，不得超过图上0.6mm。

2）地形图的修测方法，可采用全站仪测图法和支距法等。

3）当原有地形图图式与现行图式不符时，应以现行图式为准。

4）地物修测的连接部分，应从未变化点开始施测；地貌修测的衔接部分应施测一定数量的重合点。

5）除对已变化的地形、地物修测外，还应对原有地形图上已有地物、地貌的明显错误或粗差进行修正。

6）修测完成后，应按图幅将修测情况作记录，并绘制略图。

（8）纸质地形图的修测，宜将原图数字化再进行修测；如在纸质地形图上直接修测，应符合下列规定：

1）修测时宜用施测原图或与原图等精度的复制图。

2）当纸质图图廓变形不能满足修测的质量要求时，应予以修正。

3）局部地区地物变动不大时，可利用经过校核、位置准确的地物点进行修测。使用图解法修测后的地物不应再作为修测新地物的依据。

7. 地形图的编绘包括哪些内容？

答：地形图的编绘包括以下内容：

（1）地形图的编绘，应选用内容详细、现势性强、精度高的已有资料，包括图纸、数据文件、图形文件等进行编绘。

（2）地形图应以实测图为基础进行编绘，各种专业图应以地形图为基础结合专业要求进行绘制；编绘图的比例尺不应大于实测图的比例尺。

（3）地形图的编绘作业，应符合下列规定：

1）原有资料的数据格式应转换成统一的数据格式。

2）原有资料的坐标、高程系统应转换成测图所采用的系统。

3）地形图要素的综合取舍，应根据绘制图的用途、比例尺和区域特点合理确定。

4）编绘图应采用现行图式。

5）编绘完成后，应对图的内容、接边进行检查，发现问题应及时修改。

8. 导线测量的外工作业包括哪些内容？

答：导线测量的外业工作包括踏勘选点、建立标志、量边和测角，具体内容如下：

（1）踏勘选点

在踏勘选点之前，先查看测区原有的地形图、高级控制点所在位置、已知数据（点的坐标与高程）等。在图上规划好导线的布设线路，然后按规划线路到实地去踏勘选点。现场踏勘选点时，应注意下列各点：

1）相邻导线点间通视良好，以便于角度测量和距离测量。如果采用钢卷尺量距，则地势应较平坦，没有影响丈量的障碍物。

2）点位应选在土质坚实并便于保存之处。

3）在点位上，视野应开阔，便于测绘周围的地物和地貌。

4）导线边长应按有关规定选取，最长不超过平均边长的2倍，相邻边长尽量不使其长短相差悬殊。

5）导线点在测区内要布点均匀，便于控制整个测区。

6）导线点应避免选在影响交通的道路上。

（2）建立标志

导线点位选定以后，在泥土地面上，要在点位上打一木桩，桩顶上钉一小钉，作为临时性标志。在碎石或沥青路面上，可以用顶上凿有十字纹的大铁钉代替木桩。在混凝土场地或路面上，可以用钢凿凿一十字纹，再涂红漆使标志明显，也可以直接用红漆或涂改液标注。导线点应分等级统一编号，以便于测量资料的管理。导线点埋设以后，为了便于在观测和使用时寻找，可以在点位附近房角或电线杆等明显地物上用红漆标明指示导线点的位置。每一个导线点的位置，应画一草图，并量出导线点与邻近地物点的距离（称为“撑距”），注明于图上，并写上地名、路名、导线点编号等，该图称为导线点的“点之记”。

（3）置边和测角

1）导线边长测量

导线边长可以用检定过的钢尺用往返丈量的方法进行丈量，也可用光电测距仪或电子全站仪测量。

2）导线转折角测量

导线的转折角是在导线点上由相邻两导线边构成的水平角。导线的转折角分为左角和右角，在导线前进方向左侧的水平角称为左角，右侧的称为右角。进行导线转折角测量时，可以测量左角或右角。图根导线的转折角可以用 DJ_6 级经纬仪观测一测回。

9. 导线测量的内业计算包括哪些内容？

答：（1）导线测量内业计算概念

导线测量内业计算主要是计算导线点的坐标。

在计算之前，应全面检查导线测量的外业记录，有无遗漏或记错，是否符合测量的限差要求。然后绘制导线略图，在图上注明已知点（高级点）及导线点点号、已知点坐标、已知边坐标方位角及导线边长和角度观测值。

进行导线计算时，应利用科学式电子计算器，计算在规定的表格中进行。数值计算时，角度值取至秒，长度和坐标值取至毫米。

（2）技术要求

1）量距。导线边长可以用检定过的钢尺用往返丈量的方法进行丈量。往返丈量的相对误差不应大于 1/3000。当钢尺的尺长改正数大于尺长的 1/10000 时，应加尺长改正；当量距时温度与检定时温度相差±10℃以上时，应加温度改正；当沿地面丈量而坡度大于 1%时，应进行高差改正或倾斜改正。当用光电测距仪或电子全站仪测量导线的边长时，可以直接测定导线边的水平距离。

2）测角

① 采用经纬仪进行水平角和竖直角观测时，可采用光学对中或垂球对中，对中误差应小于±3mm；

② 盘左、盘右测角的差值应小于±40″；

③ 二级导线的角度闭合差限差按±16″计算；

④ 图根导线的角度闭合差限差按±60″计算。

（3）导线测量内业计算

按外业测量的记录数据进行导线测量内业计算，计算时应注意导线的角度闭合差与全长相对闭合差在允许范围内。对于二级导线角度闭合差限差不超过±16″，对于图根导线角度闭合差限差不超过±60″，全长相对闭合差限差应小于1/15000；若闭合差在允许范围内，调整闭合差，算出各导线点的平面坐标。导线测量内业计算可在导线坐标计算表中进行，也可编制计算程序或利用Excel表进行计算。

10. 三角形网数据处理包括哪些主要方面?

答：三角形网数据处理主要包括如下几个方面：

（1）当观测数据中含有偏心测量成果时，应首先进行归心改正计算。

（2）三角形网的测角中误差，应按下式计算：

$$m_{\beta}=\sqrt{\frac{[WW]}{3n}}$$

式中 m_{β}——测角中误差（″）；

W——三角闭合差（″）；

n——三角形个数。

（3）水平距离计算和测边精度评定按前述导线测量中水平距离计算和测边精度评定的有关规定执行。

（4）当测区需要进行高斯投影时，四等及以上等级的方向观测值，应进行方向改化计算。

(5) 高山地区二、三等三角形网的水平角观测，如果垂线偏差和垂直角较大，其水平方向的观测值应进行垂直偏差修正。

(6) 测距边长度的归化投影计算，按前述导线测量的有关规定执行。

(7) 三角形网外业观测结束后，应计算网的各项条件闭合差。各项条件闭合差不应大于相应的限值。

(8) 三角形网平差时，观测角（或观测方向）和观测边均应视为观测值参与平差。

(9) 三角形网内业计算中数字取位，二等应符合表3-5的规定。

三角形网内业计算中数字取位要求　　　表 3-5

等级	观测方向值及各项修正值（″）	边长观测值及各项修正值（″）	边长与坐标（m）	方位角（″）
二等	0.01	0.0001	0.001	0.01

第三节　地籍及建筑基线测绘的基本技能

1. 地籍测量草图包括哪些内容？

答：地籍测量草图包括如下内容：

(1) 地籍测量草图的作用

地籍测量草图是地块和建筑物位置关系的实地记录。在进行地籍要素测量时，应根据需要绘制测量草图。

(2) 地籍测量草图的内容

地籍测量草图的内容根据测绘方法而定，一般应表示下列内容：

1) 地籍要素测量对象。

2) 平面控制网点及控制点点号。

3) 界址点和建筑物角点。

4）地籍区、地籍子区与地块编号；地籍区和地籍子区名称。

5）土地利用类别。

6）道路及水域。

7）有关地理名称；门牌号。

8）观测手簿中所记录的测量参数。

9）为检校而量测的线长和界址点间距。

10）测量草图符号的说明。

11）测绘比例尺；精度等级；指北方向线。

12）测量日期；作业员签名。

（3）地籍测量草图的图纸

地籍测量草图的图纸规格，原则上用16开幅面；对于面积较大的地块，也可用8开幅面。草图用纸可选用防水纸、聚酯薄膜或其他适合的书写材料。

（4）地籍测量草图的比例尺

地籍测量草图选择合适的概略比例尺，使其内容清晰易读。在内容较集中的地方可移位绘制。

（5）地籍测量草图的绘制要求

地籍测量草图应在实地绘制，测量的原始数据不得涂改和擦拭。

（6）地籍测量草图的图式

地籍测量草图的图式符号按《地籍图图式》CH 5003执行。

2. 怎样绘制地籍图?

答：（1）地籍图的作用

地籍图是不动产地籍的图形部分，地籍图应能与地籍册、地籍数据集一起，为不动产产权管理、税收、规划等提供基础资料。

（2）地籍图应表示的基本内容

1）界址点、界址线。

2）地块及其编号。

3）地籍区、地籍子区的编号，地籍区名称。

4）土地利用类别。

5）永久性建筑物和构筑物。

6）地籍区与地籍子区界。

7）行政区域。

8）平面控制点。

9）有关地理名称及重要单位的名称。

10）道路和水域。

（3）地籍图的形式

地籍图采用分幅图形式；地籍图幅面规格为50cm×50cm。

（4）地籍图的分幅与编号

1）地籍图的分幅。地籍图的图廓以高斯—克吕格坐标格网线为界。1∶2000图幅以整千米格网线为图廓线；1∶1000和1∶500地籍图在1∶2000地籍图中划分，划分方法如图3-5所示。

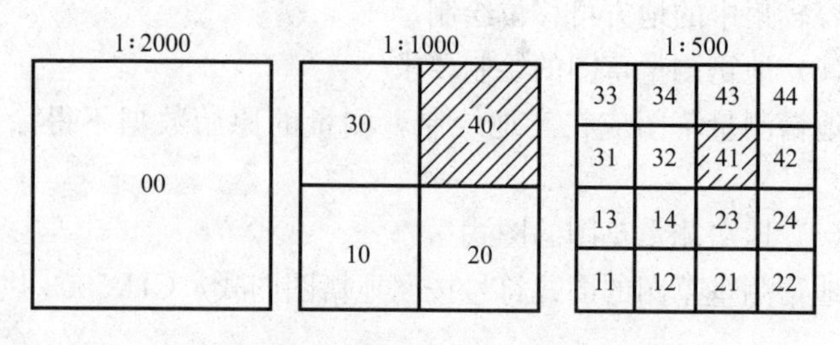

图3-5　地籍图的分幅和代码

2）地籍图编号。地籍图编号以高斯—克吕格坐标的整千米格网为编号区，由编号区代码加地籍图比例尺代码组成，编号形式如下：

完整编号	×××××××××	××
简略编号	××××	××
	编号区代码	地籍图比例尺代码

编号区代码由9位数组成，地籍图比例尺代码由两位数

组成。

在地籍图上标注地籍编号时可采用简略编号，简略编号略去编号区代码中百千米和百千米以前的数值。

3. 怎样进行地籍修测？

答：（1）修测内容

1）地籍修测包括地籍册的修正、地籍图的修测以及地籍数据的修正。

2）地籍修测应进行地籍要素的调查、外业实际测绘，同时调整界址点号和地块号。

（2）修测方法

1）地籍修测应根据变更资料，确定修测范围，根据平面控制点的分布情况，选择测量方法和实测方案。

2）修测可在地籍图的复制件上进行。

3）修测之后，应对有关的地籍图、表、簿、册等成果进行修正，使其符合相关规范的要求。

（3）面积变更

1）一个地块分割成几个地块，分割后各地块面积之和与原地块面积的不符值应在规定的限差内。

2）地块合并的面积，取被合并面积之和。

（4）修测后地籍编号的变更与处理

1）地块号。地块分割以后，原地块号作废，新增地块号按地块编号区内的最大地块号续编。

2）界址号、建筑物角点号。新增的界址号和建筑物角点号，分别按编号区内界址点或建筑物角点的最大点号续编。

4. 怎样进行变更地籍测量？

答：（1）变更地籍测量

变更地籍测量是指当宗地登记的内容（权属、用途等）发生变更时，根据申请变更登记内容进行实地调查、测量，并对宗地档案和地籍图、表进行变更与更新。其目的是为了保证地籍资料的现势性与可靠性。

（2）变更地籍测量的程序

1）资料器材准备。

2）发送变更地籍测量通知。

3）实地进行变更地籍调查、测量。

4）地籍档案整理和更新。

（3）变更地籍测量的方法

变更地籍测量一般应采用解析法。暂不具备条件的，可采用部分解析法或图解法。变更的地籍测量精度不得低于原测量精度。对涉及划拨国有土地使用权补办出让手续的，必须采用解析法进行变更地籍测量。

5. 怎样用直角坐标法测设点位？

答：测设点的平面位置的基本方法有直角坐标法、极坐标法、角度交会法和距离交会法等。

（1）直角坐标法

直角坐标法是根据直角坐标原理，利用纵横坐标之差，测设点的平面位置。直角坐标法适用于施工控制网为建筑方格网或建筑基线的形式，且量距方便的建筑施工场地。

1）计算测设数据。

2）点位测设方法

① 在Ⅰ点安置经纬仪，瞄准Ⅳ点，沿视线方向测设距离30.00m，定出 m 点，继续向前测设50.00m，定出 n 点。

② 在 m 点安置经纬仪，瞄准Ⅳ点，按逆时针方向测设90°角，由 m 点沿视线方向测设距离20.00m，定出 a 点，作出标志，再向前测设距离30.00m，定出 b 点，作出标志。

③ 在 n 点安置经纬仪，瞄准Ⅰ点，按顺时针方向测设90°角，由 n 点沿视线方向测设距离20.00m，定出 d 点，作出标志，再向前测设距离30.00m，定出 c 点，作出标志。

④ 检查建筑物四角是否等于90°，各边长是否等于设计长度，其误差均应在限差以内。

测设上述距离和角度时，可根据精度要求分别采用一般方法或精密方法。在直角坐标法中，一般用经纬仪测设直角，但在精度要求不高、支距不大、地面较平坦时，可采用钢尺根据勾股定理进行测设。

（2）极坐标法

极坐标法是根据一个水平角和一段距离测设点的平面位置。极坐标法适用于量距方便，且待测设点距离控制点较近的建筑施工场地。

1）计算测设数据

① 计算 AB 边的坐标方位角。

② 计算 AP 与 AB 之间的夹角。

③ 计算 A、P 两点间的水平距离。

2）点位的测设方法

① 在 A 点安置经纬仪，瞄准 B 点，按逆时针方向测设 β 角，定出 AP 方向。

② 沿 AP 方向测设水平距离 D_{AP}，定出 P 点，作出标志。

③ 用同样的方法测设建筑物的另外三个角点。全部测设完毕后，检查建筑物四角是否等于90°，各边长是否等于设计长度，其误差均应在限差以内。

（3）角度交会法

角度交会法是在两个或多个控制点上安置经纬仪，通过测设两个或多个已知水平角角度，交会出待定点的平面位置。这种方法又称为方向交会法。角度交会法适用于待定点离控制点较远，且量距较困难的建筑施工场地。

1）计算测设数据

按坐标反算公式计算水平角。

2）点位测设方法

① 在 A、B 两点同时安置经纬仪，同时测设水平角 β_1 和 β_2

定出两条方向线，在两条方向线相交处钉一个木桩，并在木桩上沿 AP、BP 绘出方向线及其交点

② 在 C 点安置经纬仪，测设水平角 β_3，同样在木桩上沿 CP 绘出方向线。

③ 如果交会没有误差，则此方向线应通过前两条方向线的交点，此交点即为待测点 P 点。由于测设有误差，往往三个方向不交于一点，而形成一个误差三角形。

如果此三角形最长边不超过允许范围，则取三角形的重心作为 P 点的最终位置。

（4）距离交会法

距离交会法是根据两个控制点测设两段已知水平距离，交会定出待测点的平面位置。距离交会法适用于场地平坦，量距方便，且控制点离测设点不超过一尺段长的建筑施工场地。

1）计算测设数据。

2）点位测设方法。

① 将钢尺的零点对准 A 点，以 D_{AP} 为半径在地上画一圆弧。

② 将钢尺的零点对准 B 点，以 D_{BP} 为半径在地上再画一圆弧。两圆弧的交点即为 P 点的平面位置。

③ 用同样方法测设出 Q、R、S 点的平面位置。

④ 测量各条边的水平距离，与设计长度进行比较，其误差应在限差以内。测设时如有两根钢尺，则可将钢尺的零点同时对准 A、B 点，由一人同时拉紧两根钢尺，使两根钢尺读数分别为 D_{AP}、D_{BP}，则这两个读数相交处即为待测设的 P 点。

6. 怎样利用全站仪测设点位？

答：（1）在某点安置全站仪，对中、整平，开机自检并初始化，输入当时的温度和气压，将测量模式切换到“放样”。

（2）输入某点坐标作为测站坐标，照准另一个控制点，输入另一点坐标作为后视点坐标，或者直接输入后视方向的方位角。

（3）输入待测点坐标，全站仪自动计算测站至该点的设计方

位角和水平距离，转动照准部位时，屏幕上显示当前方向与设计方向之间的水平夹角，当该夹角接近 0°时，制动照准部，转动水平微动螺旋使夹角为 0°00′00″，此时视线方向即为设计方向。如图 3-6 所示。

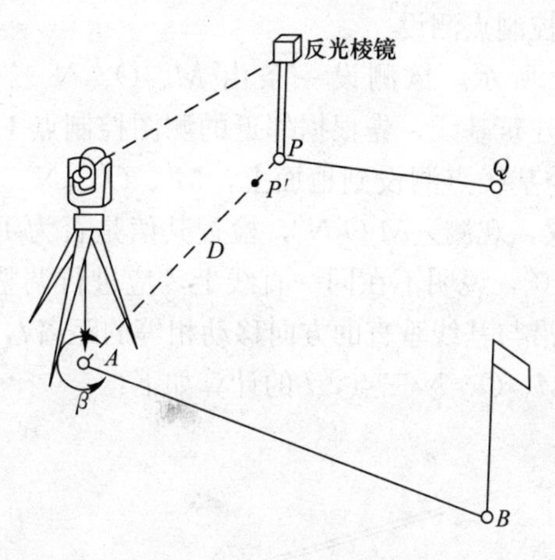

图 3-6　全站仪测设示意图

（4）指挥棱镜立于视线方向上，按“测设”键，全站仪即测出至棱镜的水平距离，并计算出该距离与设计距离的差值，在屏幕上显示出来。一般差值为正表示棱镜立的偏远，应往测站方向移动；差值为负表示棱镜立的偏近，应往远离测站方向移动。

（5）观察员通过对讲机将距离偏差通知持镜员，往近处或远处移动棱镜，并立于全站仪望远镜视线方向上，然后观察员按“测设”键重新观测。

7. 怎样布置和测设建筑基线？

答：（1）建筑基线的布设要求

1）建筑基线应尽可能靠近拟建的主要建筑物，并与其主要轴线平行，以便使用比较简单的直角坐标法进行建筑物的定位。

2）建筑物上的基线点应不少于 3 个，以便相互检核。

3）建筑基线应尽可能与施工场地的建筑红线相联系。

4）基线点位应选在通视良好和不易被破坏的地方，为能长期保存，要埋设永久性的混凝土桩。

（2）建筑基线的测设方法

根据施工现场条件不同，建筑基线的测设方法有以下三种：

1）根据控制点测设

如图 3-7 所示，欲测设一条由 M、O、N 三个点组成的“一”字形的建筑基线。先根据邻近的测图控制点 1、2，采取极坐标法将三个基线点测设到地面上，M'、O'、N'三点，然后在 O'安置经纬仪，观测$\angle M'O'N'$，检查其值是否为 180°，如果角度误差大于 10″，说明不在同一直线上，应进行调整。调整时将 M'、O'、N'沿与基线垂直的方向移动相等的距离 l，得到位于同一直线上的 M、O、N 三点，l 的计算如下：

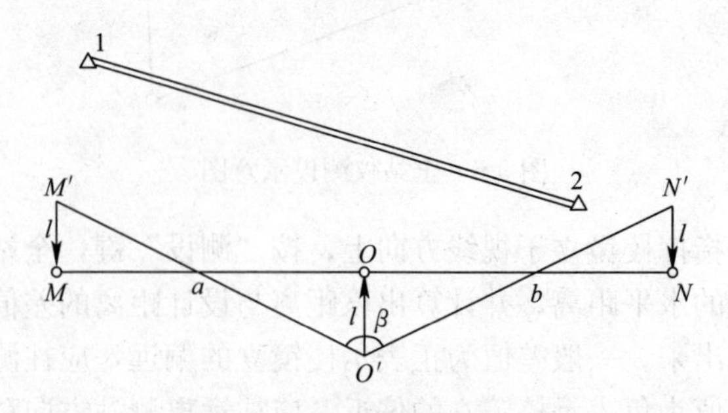

图 3-7 “一”字形建筑基线

设 M、O 距离为 m，N、O 距离为 n，$\angle M'O'N'=\beta$，则有：

$$l=\frac{mn}{m+n}\left(90^\circ-\frac{\beta}{2}\right)''\frac{1}{\rho''}$$

式中 $\rho''=206265''$。

例如图 3-8 中 $m=115\text{m}$，$n=170\text{m}$，$\beta=179^\circ40'10''$，则

$$l=\frac{115\times170}{115+170}(90^\circ-89^\circ50'5'')\times\frac{1}{206265''}=0.19\text{m}$$

调整到一条直线后，用钢尺检查 M、O 和 N、O 的距离与设计值是否一致，若偏差大于 1/10000，则以 O 点为基准，按设

计距离调整 M、N 两点。

如图 3-8 所示的“L”形建筑基线，测设 M'、O'、N' 三点后，在 O 点安置经纬仪检查 $\angle M'O'N'$ 是否为 90°，如果偏差 $\Delta\beta$ 大于 $\pm20''$，则保持 O 点不动，按精密角度测设时的改正方法，将 M' 和 N' 各改正 $\Delta\beta/2$，其中 M'、N' 改正偏距 L_M、L_N 的算式分别为：

$$L_M = MO \cdot \frac{\Delta\beta}{2\rho''}$$

$$L_N = NO \cdot \frac{\Delta\beta}{2\rho''}$$

M' 和 N' 沿直线方向的距离检查与改正方法同“一”字形建筑基线。

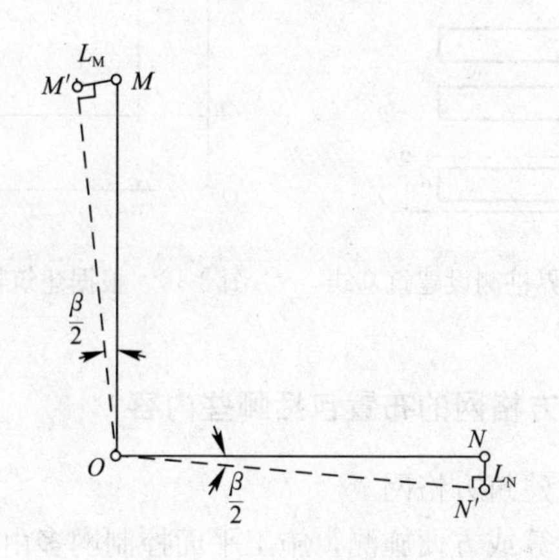

图 3-8 “L”形建筑基线

2）根据边界桩测设

在城市中，建设用地的边界线，是由城市测绘部门根据经核准的规划图测设的，又叫“建筑红线”，其边界桩可作为测设建筑基线的依据。如图 3-9 所示，1、2、3 为建筑物边界桩，1—2 线与 2—3 线互相垂直，根据边界线设计“L”形建筑基线 MON。测试时采用平行线法，以距离 d_1 和 d_2，将 M、N、O 三点在实地标定出来，再用经纬仪检查基线的角度是否为 90°，用钢尺检查基线点的间距是否等于设计值，必要时对 M、N 进行改正，即可得到符合要求的建筑基线。

3）根据建筑物测设

在建筑基线附近有永久性建筑物，并且建筑物的主轴线平行于基线时，可以根据建筑物测设建筑基线，如图 3-10 所示，采用拉直线法，沿建筑物四面的外墙延长一定的距离，得到直线 ab、cd，延长这两条直线得到交点 O，然后安置仪器于 O 点，分别延长 ba、cd 使之符合设计长度，得到 M 和 N 点，再用上面所述方法对 M 和 N 进行调整便得到两条互相垂直的基线。

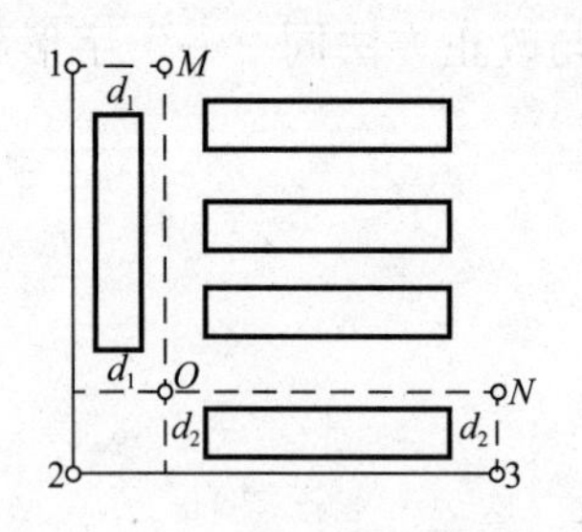

图 3-9 根据边界桩测设建筑基线

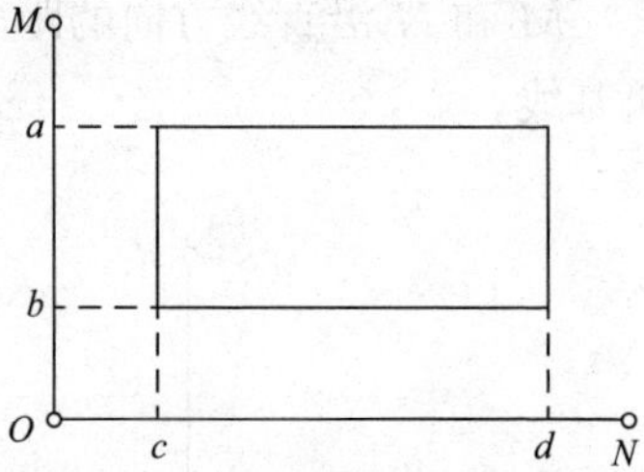

图 3-10 根据建筑物测设建筑基线

8. 建筑方格网的布置包括哪些内容?

答：（1）建筑方格网

为简化计算或方便施测，施工平面控制网多由正方形或矩形格网组成，称为建筑方格网。

（2）布置类型

建筑方格网的布设应根据总平面图上各种已建和待建的建筑物、道路及各种管线的布置情况，结合现场的地形条件来确定。方格网的形式有正方形、矩形两种。当场地面积较大时，常分两级布设，首级可采用“十”字形、“口”字形或“田”字形，然后再加密方格网。建筑方格网适用于按矩形布置的建筑群或大型建筑场地。

(3) 布置要求

建筑方格网的轴线与建筑物轴线平行或垂直，因此，可用直角坐标法进行建筑物的定位，测设较为方便，且精度较高。但由于建筑方格网必须按总平面图的设计来布置，测设工作量成倍增加，其点位缺乏灵活性，易被破坏，所以在全站仪逐步普及的条件下，正逐步被导线或三角形网所取代。确定方格网的主轴线后，再布设方格网。

9. 怎样测设建筑方格网?

答：(1) 测量准备。

审定所有进入现场的测量器具的检定周期，与业主办理交接桩手续。对定位桩、红线桩和水准点进行保护，对测量人员进行技术交底，建立测量数据台账。

(2) 施工测量平面控制网的测投。

1) 场区平面控制网布设原则

① 先整体后局部，高精度控制低精度。

② 首先根据设计总平面图、现场施工平面布置图、基础及首层平面图中的关键部位进行布设。

③ 控制点要选在通视条件良好、安全、易保护的地方。

④ 控制点必须用混凝土保护，需要时用钢管进行维护，并用红漆做好测量标志。

2) 场区平面控制基准点的复测

首先对业主提供的建筑物定位桩或用地红线桩进行复测，并将复测点位误差成果及调整方案报业主方。

3) 场区平面控制网的布设

本控制网按Ⅰ级建筑方格网进行测投，测角中误差±5″，边长相对中误差 1/40000，相邻两点间的距离误差控制在±2mm以内，采用直角坐标定位的方法测投出基础外轮廓，依据平面控制网布设原则及轴线加密方法，布设场区平面矩形控制网。为了便于控制及施工，将建筑物平面矩形控制网布设在偏离轴线 1m

的交叉位置。

（3）高程控制网的布设。

1）为保证建筑物竖向施工的精度要求，在场区内建立高程控制网，高程控制网的建立依据是业主提供的场区水准基点（至少3个）。测投1条闭合或附和水准路线，联测场区高程竖向控制点，以此作为竖向施工精度控制的首要条件。

2）高程控制网的精度：不低于三等水准的精度。

3）场区内至少应有3个水准点，水准点距离建筑物应大于25m，距离回填土边线应不小于15m。

（4）质量保证措施。

1）测量作业的各项技术按工程测量规范进行。

2）测量人员全部持证上岗。

3）进场的测量仪器设备，必须检定合格且在有效期内，标识保存完好。

4）由业主提供的施工图、测量桩点，必须经过校算、校测合格，并办理了交接手续后，才能作为测量依据。

（5）加强对现场内的测量桩点的保护，所有桩点均应明确标识，防止用错。

10. 建筑施工测量准备工作有哪些？

答：施工测量准备工作应包括施工图审核、测量定位依据点的交接与检测、测量方案的编制与数据准备、测量仪器和工具的检验校正、施工场地测量等内容。

（1）施工测量前，应根据工程任务的要求，收集和分析有关施工资料，宜包括以下内容：

1）城市规划、测绘成果；

2）工程勘察报告；

3）施工设计图纸与有关变更文件；

4）施工组织设计或施工方案；

5）施工场区地下管线、建（构）筑物等测绘成果。

（2）施工测量方案编制和测量数据准备。

1）施工测量方案是指导施工测量的技术依据，方案编制宜包括以下内容：

① 工程概况；

② 任务要求；

③ 施工测量技术依据、测量方法和技术要求；

④ 起始依据点的检测；

⑤ 建筑物定位放线、验线，基础以及±0.000以上施工测量；

⑥ 安全、质量保证体系与具体措施；

⑦ 成果资料整理与提交。

注：根据施工测量任务的大小与复杂程度，可对上述内容简化。

2）施工测量数据准备应包括以下内容：

① 依据施工图计算施工放样数据；

② 依据放样数据绘制施工放样简图。施工放样数据和简图均应进行独立校核；

③ 施工测量计算资料应及时整理、装订成册、妥善保管。

（3）测量仪器、量具的检验校正与维护。

1）为保证测量成果准确可靠，测量仪器、量具应按国家计量部门或工程建设主管部门的有关规定进行检定，经检定合格后方可使用。

2）测量仪器和量具除按规定周期检定外，对经常使用的经纬仪、水准仪的主要轴系关系应在每项工程施工测量前进行检验校正，施工中还应每隔1～3个月进行定期检验校正。

3）测量仪器和量具的使用应按有关操作规程进行作业，并应精心保管，加强维护保养，使其保持良好状态。

（4）所有测量人员经培训合格后持证上岗。

11. 怎样进行厂房柱列轴线测设与柱列基础放线？

答：（1）柱列轴线的测设

根据厂房柱列平面图（图 3-11）上设计的柱距和厂房跨度的尺寸，使用距离指标桩，用钢尺沿厂房控制网的边逐段测设距离，以定出各轴线控制桩，并在桩顶钉一小钉表示点位。相应控制桩的连线即为柱列轴线（又称定位轴线），并应注意变形缝等处特殊轴线的尺寸变化，依照正确尺寸进行测设。

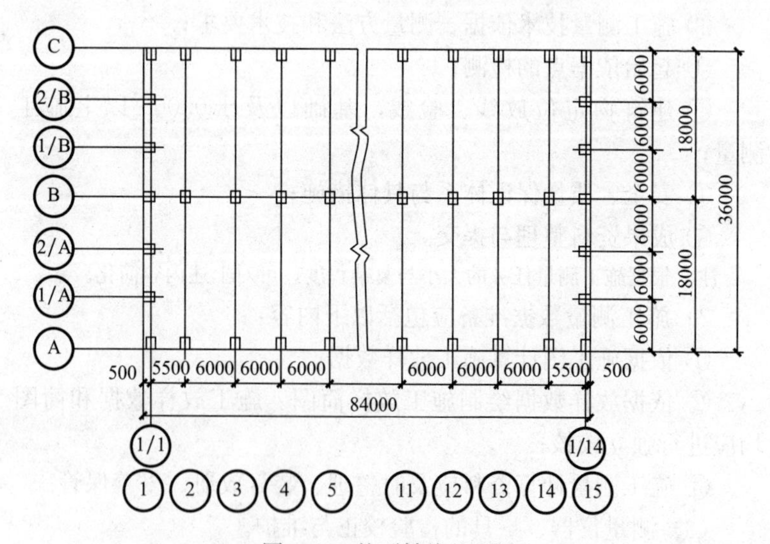

图 3-11 柱列轴线的测设

（2）柱基的测设

将两架经纬仪分别安置在纵、横轴线控制桩上，交会处即为桩基控制点（即定位轴线的交点）。再根据定位轴线和定位点，按基础详图上的尺寸和基坑放坡宽度，放出开挖边线，并撒上白灰标明。同时，在基坑外的轴线上，离开挖边线约 2m 处，各打入一个基坑定位小木桩，桩顶钉小钉作为修坑和立模的依据。

由于定位轴线不一定是基础中心线，故在测设外墙、变形缝等处的柱基时，要特别注意。

（3）当基坑开挖到一定深度时，再用水准仪在基坑四壁距坑底设计标高 0.3～0.5m 处设置水平桩，作为检查坑底标高和打垫层的依据。

12. 厂房控制网建立前的准备工作有哪些？

答：(1) 制定厂房矩形控制网的测设方案及计算测设数据

厂房矩形控制网测设方案，通常是根据厂区总平面图、厂区控制网、厂房施工图和现场地形情况等资料来制定的。其主要内容是，确定主轴线位置、矩形控制网位置、距离指标桩的点位、测设方法和精度要求。在确定主轴线和矩形控制网位置时，为使控制点能长期保存，应避开地上和地下管线；位置距厂房基础开挖线以外1.5～4m。距离指标桩即沿厂房控制网各边每隔若干柱间距埋设一个控制桩，故其间距一般为厂房柱距的整数倍，但不要超过所用钢尺的整尺长。

(2) 绘制测设略图

根据厂区总平面图、厂区控制网、厂房施工图等资料，按一定比例绘制测设略图，为测设工作做好准备。

第四节　市政公用工程、道桥工程测量

1. 市政工程测量准备工作有哪些？

答：市政工程测量准备工作如下：

(1) 全面了解设计意图，认真熟悉与审核图纸

施测人员通过对总平面图和设计说明的学习，了解工程总体布局、工程特点、周围环境，根据线路的平纵设计参数，计算出线路坐标及设计高程，与图纸中的逐桩坐标表及纵断面高程数据认真进行复核，确定准确无误后方可进行施工放线。在路基施工前应做好测量准备工作，包括导线、中线、水准点复核，横断面检查与补测，增设水准点等。复测导线点和水准点时，必须和相邻施工标段进行联测工作，以确保导线点的闭合。施工测量的精度应符合相关规范的要求。

施工测量主要包括路基的中桩放样、路基各层的标高控制，中桩放样及其他平面定位均采用全站仪坐标法，仪器设置测站采

用已知和自由建站两种方法。标高控制根据不同的精度要求，分别采用全站仪三角高程测量和水准测量的方法。

（2）测量仪器的选用

测量中所用的仪器和钢尺等器具，使用前必须送具有仪器校验资质的检测单位进行校验，校验合格后方可投入使用。

2. 道路工程施工测量的主要任务是什么？

答：道路工程施工测量主要包括平面放线测量和高程控制测量。进场后，首先进行控制网的复核和控制点的加密。再进行原地貌测量，即原地貌横、纵断面测量，原地貌测量主要是复核设计和原勘测成果，如果与原设计有不符合的，原地貌测量就不能作为结算的依据。复核成果一定要由业主和监理签字认可。施工中就是中边桩放线和高程控制等。土方换填，要测量开挖底面标高，也要由业主和监理签字认可。完工后，进行竣工测量，为编制竣工图提供数据。道路工程施工测量基本就这些。主要是要看清图纸，了解设计意图，计算要细心，测量要多复核。

3. 管线工程测量方法有哪些？

答：管线工程包括给水排水管道、各种介质管道、长输管道等。

根据设计施工图纸，熟悉管线布置及工艺设计要求，按实际地形做好实测数据，绘制施工平面草图和断面草图。然后，按平、断面草图对管线进行测量、放线，并对管线施工过程进行控制测量。在管线施工完毕后，以最终测量结果绘制平、断面竣工图。

（1）管线中心定位的测量方法

管线的起点、终点及转折点称为管道的主点。其位置已在设计时确定，管线中心定位就是将主点位置测设到地面上去，并用木桩标定。进行定位的根据：其一是根据地面上已有的建筑物进行管线定位；其二是根据控制点进行管线定位。

（2）管线高程控制的测量方法

为了便于管线施工时引测高程及管线纵、横断面测量，应设管线敷设临时水准点。其定位允许偏差应符合规定。

（3）地下管线工程测量

地下管线工程必须在回填前，测量出起、止点及窨井的坐标和管顶标高，并应根据测量资料编绘竣工平面图和纵断面图。

4. 桥梁工程测量的主要内容有哪些？

答：桥梁工程测量是在桥梁工程的规划、勘测设计、施工建造和运营管理的各个阶段进行的测量。

包括：勘测阶段，进行桥渡线长度测量和测绘桥址纵断面图、桥渡位置图、桥址地形图、水下地形图以及水面纵断面图，为优选桥址和进行桥梁设计提供必要而详细的测绘资料；控制网布设和施测阶段，进行桥轴线长度测量、桥梁控制网的布设与施测及平差、为满足交会墩位之需而在桥梁控制网中插点，为进一步施工放样和竣工测量、变形监测提供精度满足要求的控制网，并为便于对长度测量仪器或工具及时进行校核而应在工地建立基线场；墩台定位和轴线的测设，进行直线桥梁或曲线桥的墩台定位、墩台纵横轴线的测设和沉井定位测量；桥梁细部放样，进行明挖基础和桩基础的施工放样、管柱定位及倾斜测量、沉井施工测量和架桥测量；竣工测量，在桥梁竣工和阶段性竣工时，测定墩距、量取墩台各部尺寸和测定支撑垫石及墩帽的高程以及在架梁后测定主梁弦杆的直线性及梁的拱度、立柱的竖直性和各个墩上梁的支点与墩台中心的相对位置；桥梁变形监测，在建造过程中及建成运营阶段，定期观测墩台及其上部结构的垂直位移、倾斜位移和水平位移，掌握随时间推移而发生的变形规律，以便在未危及行车安全时采取补救措施。

5. 市政工程竣工测量工作的内容有哪些?

答：各个单项市政工程测量，多在其中线附近的带状范围内施测，具有线路工程测量的特点。市政工程建设各阶段的测量工作分为设计测量、施工测量、竣工测量和变形观测等。

(1) 设计测量

对于带状工程，如道路、给水排水管线、电力和通信电缆、地下人防通道等。主要是根据附近的测量控制点将其规划中线测设到实地上，并以中线桩为准，施测一定宽度、比例尺为1∶500的带状地形图和纵、横断面图，作为工程平面布置及高程、坡度等设计的依据。对于非带状工程，如广场、立体交叉交通枢纽等，一般1∶500比例尺地形图可满足设计要求，特殊需要时可施测1∶200比例尺地形图或施测边长为5m×5m的方格网高程图。

(2) 施工测量

首先是恢复和校测设计测量所定的中线桩位，然后以中线为准放样工程构筑物的各主要轴线，再根据各轴线进行细部放样；并设置用于施工的标志，作为按图施工的依据。施工测量的精度，按工程的不同要求来确定，差别较大。如自流排水管道对高程测量的要求高于有压力的给水管道，而直埋通信电缆一般只测相对埋深即可。施工测量的方法，更因工程性质和施工方法的不同而异，但开工前对中线桩位置，应采取妥善的保留措施，以便施工中随时检查和恢复中线，这是各种工程施工测量顺利进行的基本保证。在道路施工中，多在路边两侧钉设平行于中线的施工边桩，并测出各桩顶高程，用以控制中线、路拱和侧石的位置和高程。在地下管道施工中，多在沟槽上埋设坡度板，用以控制管道中线高程和坡度；在用顶管法施工时，用经纬仪和水准仪或激光导向仪控制掘进方向；在用盾构法施工中，则需要三个坐标参数定位，三个旋转角参数控制掘进方向。在广场施工中，可用边长5～10m的方格网控制场地平面位置与高程，也可用激光平面仪控制高程。

（3）竣工测量

主要测定各项工程竣工时主要点位（如道路交叉点、地下管道的转折点、窨井中心、消火栓等）的平面位置和高程（见工业建设竣工测量）。隐蔽工程要在回填前进行施测。平面坐标根据城市控制点按解析法测定，高程用水准仪直接测定。根据竣工测量资料编制竣工图（包括竣工总平面图、分类图、断面图以及必要的说明等）。市政工程竣工图是城市基本建设的重要档案，对于市政工程的规划管理、改建、扩建以及抢险、战时修复等都是必不可少的。

随着城市建设的发展，各种地上、地下和架空的市政公用设施将随之增多，从而形成一个完整的市政工程综合系统。为了便于各方面的使用，可将各种市政工程的竣工位置资料数字化后，统一储存在电子计算机控制的数据库内，然后根据需要提取有关数据，用来绘制各种竣工图。

（4）变形观测

对重要桥梁、立体交叉的多层道路堤防和地质条件不良地段的工程建筑物观测沉降、位移、倾斜和裂缝等（见建筑物变形观测）。一般包括施工中荷载变更时和运营中的定期观测，为鉴定工程质量、安全运营和工程研究等提供资料。

第五节　工程竣工图的测绘

1. 编制竣工总平面图的一般规定有哪些？

答：编制竣工总平面图的一般规定有如下内容：

（1）竣工总平面图是指在施工后，施工区域内地上、地下建筑及构筑物的位置和标高等的编绘与实测图。

（2）对于地下管道及隐蔽工程，回填前应施测其位置及标高，作出记录，并绘制草图。

（3）竣工总平面图的比例尺，宜为1：500。其坐标系统、图幅大小、注记、图例符号及线条，应与原设计图一致。原设计图没有的图例符号，可使用新的图例符号，并应符合现行总平面图设计的有关规定。

（4）竣工总平面图应根据现有资料及时绘制。重新编绘时，应详细实地检核，对不符之处，应施测其位置、标高及尺寸，按实测资料绘制。

（5）竣工总平面图绘制完成后，应经原设计及施工单位技术负责人审核、会签。

2. 竣工总平面图绘制的方法和步骤有哪些？

答：（1）准备工作。

1）决定竣工总平面图的比例尺。竣工总平面图的比例尺，应根据企业的规模大小和工程的密集程度参考下列规定：

① 小区内为1∶500或1∶1000；

② 小区外为1∶1000～1∶5000。

2）测绘竣工总平面图图底坐标方格网。为了长期保存竣工资料，竣工总平面图应采用质量较好的图纸。聚酯薄膜具有坚韧、透明、不易变形等特性，可用作图纸。

3）展会控制点。以图底上绘出的坐标方格网为依据，将施工控制网点按坐标展会在图上。展点对所邻近的方格网而言，其允许偏差为±0.3mm。

4）展会设计总平面图。在编绘竣工总平面图之前，应根据坐标方格网，先将设计总平面图的图面内容按其设计坐标，用铅笔展会于图纸上，作为底坐标。

（2）绘制步骤。

1）绘制竣工总平面图的依据：①设计总平面图、单位工程平面图、纵横断面图和实际变更资料；②定位测量资料，施工检查测量及竣工测量资料。

2）根据设计资料展点成图。凡按设计坐标定位施工的工程，应以测量定位资料为依据，按设计坐标（或相对尺寸）和标高编绘。

（3）根据竣工测量资料和施工检查测量资料展点成图。在工业与民用建筑施工过程中，在每一个单位工程完成后，应进行竣工测量，并提出该工程的竣工测量成果。

（4）展会竣工位置时的要求。根据上述资料绘制成图时，对于厂房应使用黑色墨线绘出该工程的竣工位置，并应在图上注明工程名称、坐标和标高及相关说明。对于各种地上、地下管线，应用各种不同颜色的墨线绘出其中心位置，注明转折点及井位的坐标、高程及相有关说明。

3. 什么情况下绘制竣工图需要进行现场实测?

答：有下列情况之一者，必须进行现场实测，以编绘竣工总平面图：

（1）由于未能及时提出建筑物或构筑物的设计坐标，而在现场指定施工位置的工程。

（2）设计图上只标明工程与地物的相对尺寸而无法推算坐标和标高。

（3）由于设计多次变更，而无法查对设计资料。

（4）竣工现场的竖向布置、围墙和绿化情况，施工后尚保留的大型临时设施。

4. 怎样绘制竣工总平面图?

答：竣工总平面图的绘制包括如下内容：

（1）分类竣工总平面图的绘制

对于大型企业和复杂的工程，如将厂区地上、地下所有建筑物和构筑物都绘制在一张总平面图上，这样将会形成图面线条密集，不易辨认。为了使图面清晰醒目，便于使用，可根据工程的密集与复杂程度，按工程性质分类编绘竣工总平面图。

（2）综合竣工总平面图

综合竣工总平面图即全厂性的总体竣工总平面图，包括地上、地下一切建筑物、构筑物和竖向布置及绿化情况等。

(3) 竣工总平面图的图面内容和图例

竣工总平面图的图面内容和图例，一般应与设计图取得一致。图例不足时可以补充编绘。

(4) 竣工总平面图的附件

为了全面反映竣工成果，便于生产管理、维修和日后企业的扩建和改建，与竣工总平面图有关的一切资料，应分类装订成册，作为竣工总平面图的附件保存。

(5) 随工程的竣工相继编制

工业企业竣工总平面图的编绘，最好的办法是随单位工程或系统工程的竣工，及时编绘单位工程或系统工程的平面图。并由专人汇总各单位工程平面图，编绘竣工总平面图。

第六节 地籍测量基本技能

1. 地形图在工程建设中的应用包括哪些内容?

答：地形图在工程建设中的应用包括如下内容：

(1) 地形图在工程规划设计中的作用

工程建设一般分为规划设计（勘测）、施工、运营管理阶段。在规划设计时必须要有地形、地质等基础资料，其中地形资料主要是地形图。没有确实可靠的地形资料是无法进行设计的，地形资料的质量将直接影响到设计的质量和工程的使用效果。设计对地形图的要求主要体现在以下三方面：一是地形图的精度必须满足设计要求；二是地形图的比例尺应选择恰当；三是测图范围合适，出图时间要快，具有较好的实时性。

(2) 地形图在城市建设中的其他作用

城市的建设也离不开地形图，在确定城市的整体布局时需用各种大、中、小比例尺的地形图。比如：道路的规划、各种管线的规划、工矿企业的规划以及各种建筑物的规划等。在设计中如果没有地形图，设计人员就没办法确定各种工程及相应建筑物的具体位置。利用1：2000或1：500比例尺的地形图作为选址的依据和进行总图设计的地图，设计人在图上寻找合适的位置，放样各种设施、量取距离和高程，并进行工程的定位和定向及坡度的确定，从而计算工程量和工程费用等。设计人员只有掌握了可靠的自然地理、资源及经济情况后才能进行正确合理的设计。

（3）地形图在工程建设中的其他作用

地形图除了在设计阶段的作用外，在工程施工和工程竣工验收过程中也少不了。总之，地形图是工程建设中必不可少的重要资料，没有确实可靠的资料是无法进行设计的。地形资料的质量也将直接影响到设计质量和工程的使用效果。所以，在有关规程中明确规定："没有确实可靠的设计基础资料，是不能进行设计的。"

2. 地籍调查的基本内容、步骤及要求各是什么？

答：（1）地籍调查的基本内容

1）权属调查。对宗地权属来源及其所在位置、界址、数量、用途和等级等情况进行调查。包括现场指界、标定宗地界址、绘制宗地草图、调查土地用途和等级、填写地籍调查表。

2）地籍平面控制测量。

3）地籍勘丈。目的是勘丈每宗土地的权属界址点、线、位置、形状、数量等基本情况。

4）绘制地籍图。

（2）地籍调查的步骤及要求

土地变更调查的整个工作体系包括组织准备、土地变更调查（包含外业调绘、内业处理、检查与验收）、逐级汇总、全国汇总几部分。

1）准备工作。包括制定方案、准备资料、准备表格、技术培训。

2）实地调查。以本年度实地变化现状为准进行变更调查，主要调查土地利用地类和权属变化状况、新增建设用地情况、耕地增减的来源去向以及新增建设用地审批等情况。

① 土地利用地类和权属变化状况。实地查清本年度土地利用地类变化和土地权属变化情况；认真调查荒山造林、种草情况（主要是未利用地变为林地、牧草地）。

② 新增建设用地情况。按《过渡分类》查清本年度新增建设用地的变化情况；对新增建设用地中城市（201）、建制镇（202）、农村居民点（203）、独立工矿（204），细化调查到属于《土地分类（试行）》“建设用地”中二级地类商服用地（21）、工矿仓储用地（22）、公用设施用地（23）、公共建筑用地（24）、住宅用地（25）和三级地类街巷（266）中的一类或几类。细化调查的图斑不需在土地变更调查工作底图上标绘，可在《土地变更调查记录表》草图上标绘清楚。但细化调查的分类面积之和必须等于土地变更调查《过渡分类》的图斑面积。根据《土地分类（试行）》对新增建设用地的二、三级地类进行细化调查的面积数据，只用于本年度土地变更调查的数据汇总分析，不作为下一年度土地变更调查的基础数据。下一年度土地变更调查，以本年度土地变更调查《过渡分类》面积数据为基础进行变更。

③ 耕地增减的来源去向以及新增建设用地审批等情况。查清本年度新增耕地的来源情况；查清本年度耕地减少情况；查清本年度来自未利用地、闲置建设用地的新增园地中可视为补充耕地的园地情况；查清新增建设用地的审批情况。

3）填写《土地变更调查记录表》。根据外业调查的土地变更情况，更新土地利用现状图上的相应内容，同时计算土地的面积，填写《土地变更调查记录表》中的有关内容。必须注意的是《土地变更调查记录表》包含所有变更图斑变化的具体情况，是记录土地利用权属和地类变化及相关信息的唯一原始资料，是土地变更调查数据汇总软件的唯一数据源，填写时应该保证实地、图件、数据“三统一”。

3. 怎样进行地块编号？

答：（1）城镇地区土地编号

通常以行政区划的街道和宗地两级进行编号，如果街道下划分有街坊（地籍子区）就采用街道、街坊和宗地三级编号。一般情况下，地籍编号统一自西向东、从北到南从“001”开始顺序编号。如 03-05-012 表示××省××市××区第 3 街道第 5 街坊、第 12 宗地。地籍图上采用不同的字体和字号加以区分；而宗地号在图上宗地内以分数形式表示，分子为宗地编号，分母为地类编好。通常省、市、区、街道、街坊的编号在调查前已经编好，调查时只编宗地号，并及时填写在相应的表册中。

（2）农村地区地籍编号

农村应以乡（镇）、宗地和地块三级组成编号。其原则同上，如 02-04-005 表示××省××县（县级市）××乡（镇）第 2 行政村、第 4 宗地、第 5 地块（图斑）。通常省、县（县级市）、乡（镇）、行政村的编号在调查前已经编好，调查时只编宗地号和地块号，并及时填写在相应的表册中。

（3）其他的编号方法

根据宗地的划分情况，每个宗地编号共有 13 位。编号第 1～10 位为该宗地所在行政区划的代码。其中，前 6 位即省、市、县/区的代码，可直接采用身份证的前 6 位编号方案；第 7、8 位为街道/镇/乡代码；第 9、10 位为街坊/行政村代码。它们是在所属上一级行政区划范围内统一编号的。第 11、12、13 位为宗地所在街坊/行政村（村民委员会）范围内按“弓”型顺编的序号。

注：城镇在划分街坊时一般以马路、巷道、河沟等线状地物为界来划分，街坊划分不宜过大，以宗地不超过 999 个为宜，并且要给变更编号留有较大的余地。

4. 怎样进行土地类别、土地等级和建筑物状况调查？

答：(1) 土地类别

土地分为城市土地和集体土地。城市土地又分为居住用地、商业用地、公共用地、工业用地；集体土地又分为自留地和集体所有。

(2) 土地类别调查

1) 土地利用类别调查以地块为单位调记一个主要利用类别。综合使用的楼房按地坪上第一层的主要利用类别调记，如第一层为车库，可按第二层类别调记。

2) 地块内如有几个土地利用类别时，以地类界符号标出分界线，分别调记利用类别。

(3) 土地等级调查

1) 土地等级标准。应当执行当地有关部门制定的土地等级标准。

2) 调查方法。①土地等级调查在地块内标注，地块内土地等级不同时，则按不同土地等级分别标记；②对尚未制定土地等级标准的地区，暂不调记。

(4) 建筑物状况调查

1) 建筑物状况调查包括地块内建筑物的结构和层数。

2) 建筑物层数是指建筑物的自然层数，从室内地坪以上计算，采光窗在地坪以上的半地下室且高度在 2.2m 以上的算层数，地下室、假层、附层（夹层）、假楼（暗楼）、装饰性塔楼不算层数。

3) 建筑结构根据建筑物的梁、柱、墙等主要承重构件的建筑材料划分类别，类别划分标准参照相关规范的规定。

第七节　工业建筑测量基本技能

1. 工业厂房平面控制网的建立应符合哪些规定？

答：工业厂房平面控制网，应根据建筑物的分布、结构、高度、基础埋深和机械设备传动的连接方式，生产工艺的连续程度，分别布设一级或二级控制网。其主要技术要求应符合表 3-6 的规定。

工业厂房平面控制网的主要技术要求　　表 3-6

等级	边长相对中误差	测角中误差
一级	≤1/30000	$7''/\sqrt{n}$
二级	≤1/15000	$15''/\sqrt{n}$

注：n 为建筑物结构的跨数。

工业厂房平面控制网的建立应符合下列规定：

（1）控制点应选在通视良好、土质坚实、利于长期保存、便于施工放样的地方。

（2）控制网加密的指示桩，宜选在建筑物行列线或主要设备中心线上。

（3）主要控制网点和主要设备中心线端点，应埋设固定标桩。

（4）控制网起始点的单位误差不应大于 2cm；两建筑物（厂房）间有联系时，不应大于 1cm，定位点不得少于 3 个。

（5）水平角观测的测回数应根据表 3-6 中测角中误差的大小，按表 3-7 选定。

水平角观测的测回数　　表 3-7

仪器精度等级 \ 测角中误差	2.5″	3.5″	4.0″	5″	10″
1″级仪器	6	5	2	—	—
2″级仪器	4	5	4	3	1
6″级仪器	—	—	—	4	3

（6）矩形网的角度闭合差，不应大于测角中误差的 4 倍。

（7）边长测量宜用电磁波测距仪测定。二级网的边长测量也可采用钢尺量距。

（8）矩形网应按平差结果进行实地修正，调整到设计位置。当增设轴线时，可采用现场改点法进行配合调整，点位修正后，应进行矩形网角度的检测。

2. 工业厂房施工场地高程控制网如何建立?

答：工业厂房施工场地的高程控制测量一般采用水准测量方法，应根据施工场地附近的国家或城市已知水准点，测定施工场地水准点的高程，以便纳入统一的高程系统。

在工业厂房施工场地上，水准点的密度，应尽可能满足安置一次仪器即可测设出所需的高程。而测图时敷设的水准点往往是不够的，因此，还需增设一些水准点。在一般情况下，建筑基线点、建筑方格网点以及导线点也可兼作高程控制点。只要在平面控制点桩面上中心点旁边，设置一个突出的半球状标志即可。

为了便于检核和提高测量精度，施工场地高程控制网应布设成闭合或附和路线。高程控制网可分为首级网和加密网，相应的水准点称为基本水准点和施工水准点

第八节　工程定位、房屋施工放线记录及变形观测基本技能

1. 工程定位测量记录包括哪些内容?

答：(1) 工程名称。与施工图签一致。

(2) 图纸号。填写总图、首层建筑图、基础图的图号。

(3) 平面坐标依据。有资质的测绘单位现场实定楼坐标的成果资料号。

(4) 高程依据。有资质的测绘单位现场实定高程的成果资料号。

(5) 允许误差。视工程等级而定。

测量允许误差按测量中误差的 2 倍计算。建（构）筑物平面控制网主要技术指标见表 3-8，水准测量的主要技术要求见表 3-9。

建（构）筑物平面控制网主要技术指标　　表 3-8

等级	适用范围	测角中误差（″）	边长相对中误差
一级	钢结构、超高层、连续程度高的建筑	±8	1/24000
二级	框架、高层、连续程度一般的建筑	±13	1/15000
三级	一般建（构）筑物	±25	1/8000

注：本表引自《北京市工程测量技术规程》DB11/T 339—2006。

水准测量的主要技术要求　　表 3-9

<table>
<tr><th rowspan="2">等级</th><th rowspan="2">每千米高差中数偶然中误差$\frac{m_{\Delta}}{m}$</th><th rowspan="2">仪器型号</th><th rowspan="2">水准标尺</th><th colspan="2">观测次数</th><th colspan="2">往返较差、附和线路或环线闭合差（mm）</th><th rowspan="2">检测已测测段高差之差（mm）</th></tr>
<tr><th>与已知点联测</th><th>闭合线路或环路</th><th>平地</th><th>山地</th></tr>
<tr><td rowspan="2">三等</td><td rowspan="2">±3</td><td>DS1</td><td>因瓦</td><td>往、返</td><td>往</td><td>$\pm 12\sqrt{L}$</td><td rowspan="2">$\pm 4\sqrt{n}$</td><td rowspan="2">$\pm 20\sqrt{L}$</td></tr>
<tr><td>DS3</td><td>双面</td><td>往、返</td><td>往、返</td><td>$\pm 3\sqrt{n}$</td></tr>
<tr><td rowspan="2">四等</td><td rowspan="2">±5</td><td rowspan="2">DS3</td><td>双面</td><td>往、返</td><td>往</td><td>$\pm 20\sqrt{L}$</td><td rowspan="2">$\pm 6\sqrt{n}$</td><td rowspan="2">$\pm 30\sqrt{L}$</td></tr>
<tr><td>单面</td><td>两次仪器高测往返</td><td>变仪器高测两次</td><td>$\pm 5\sqrt{n}$</td></tr>
</table>

注：1. 本表引自《北京市工程测量技术规程》DB11/T 339—2006。
2. n 为测站数。
3. L 为线路长度（km）。

（6）委托单位。指业主或总承包单位。

（7）施测日期、复测日期。施测、复测（施工单位）实际日期。

（8）使用仪器。施工单位定位时所用的测量仪器型号及出厂编号。

（9）仪器校验日期。仅写使用仪器的型号及相应的有效合格证检定证书上的检定时间。

（10）定位抄测示意图。

1）标出单位工程（或多个单位工程）楼座规划点的外廓图形、外廓轴线及相关尺寸；标出本工程±0.000 相对应的绝对标高值；标出引测在厂区内的高程点值，并示意所在位置；标出指北针方向。

2）当群体工程定位时，可在工程名称上标明所定工程。

（11）复测结果。

1）第一种情况，写出：

经核对：规划总图上定位工程坐标、尺寸、单位工程施工图坐标、尺寸、测绘成果一致，资料合格。

将查验：①现场桩点施测误差为××m，角点误差为±×

×″。②引测施工现场的三个施工标高+0.500（建）=××.××
×m，误差在××mm以内。

符合设计施工图尺寸，达到建筑工程施工测量规程精度要求。

2）第二种情况，写出：

经核对：规划总图上定位工程坐标、尺寸、单位工程施工图坐标、尺寸一致，设计资料合格。

经查验：①用导1、导2、导3实测楼座桩后，经复测误差为××mm，角点误差为±××″。②经测绘公司规划验线，桩位误差均为××mm，角点误差为±××″（见验线成果单××号）。

符合设计施工图尺寸及建筑工程施工测量规程精度要求。

（12）签字栏。

1）施工（测量）单位。业主或总承包单位全称。

2）专业技术负责人。项目总承包方主任工程师。

3）测量负责人。项目总承包方测量专业负责人。

4）复测人。本单位上一级测量负责人，或是项目质检部门测量人员，要有测量专业知识。

5）施测人。有测量上岗证书的项目测量人员。

2. 工程基槽验线记录包括哪些内容？

答：工程基槽验线记录包括如下内容：

（1）工程名称。与施工图签一致。

（2）验线依据及内容。

1）依据

① 定位控制桩。

② 施工图引测高程控制网。

③ 基础平面图。

④ 施工测量方案。

⑤ 建筑工程施工测量规程。

2）内容

① 基层外轮廓线及外轮廓断面。

② 垫层标高。

③ 集水坑、电梯井等垫层、标高位置。

（3）基槽平面、剖面简图。

1）基槽平面。基础外轮廓线范围指混凝土垫层的外边沿及所含的集水坑、设备坑、电梯井等示意图的位置、标高和基坑下口线的施工工作断面。

2）基槽剖面。指有变化的外轮廓线到基坑边支护的立面结构尺寸，重点是要填写的外廓轴线到基础外边的尺寸与设计图尺寸必须一致；除此为准确尺寸以外，其余均为技术措施尺寸。

3）简图要能反映出外廓轴线垫层外边沿尺寸；外廓轴线到基础外边准确尺寸；垫层顶标高、底标高；集水坑、设备坑、电梯井垫层顶标高；基础外墙、垫层外边沿尺寸，基坑施工面尺寸等。

（4）检查意见。

经核对：外廓轴线、设计施工图尺寸无误。

经查验：1）基础外廓轴线、基础外边尺寸误差为××mm。

2）集水坑、设备坑、电梯井位置误差为××mm。

3）垫层标高为×.×××，误差为××mm。符合建筑工程测量规范的精度要求。

（5）签字栏。

1）施工（测量）单位。施工单位全称。

2）专业技术负责人。项目总承包方主任工程师。

3）专业质检员。验线员或质检员。

4）施测人。有上岗证的施测人。

3. 楼层平面放线记录包括哪些内容？

答：楼层平面放线记录包括如下内容：

（1）工程名称。与施工图签一致。

（2）放线部位。标明某层及实测施工的轴线段。

（3）放线内容。基础板底防水保护层面层及首层（含）以下各层的墙、柱轴线、边线、门窗洞口线；地上二层（含）以上各层的墙、柱轴线、边线、门窗洞口线、垂直度偏差。

（4）放线依据。

1）采用外控投线方法的楼层。施工测量方案；建筑工程施工测量规程；定位外控桩；*n* 层的建筑平面图、结构图；首层用测绘院高程点。

2）采用内控法竖向传递轴线的楼层。施工方案；建筑工程施工测量规程；内控点；*n* 层的建筑平面图、结构图；首层以下各层施工用高程控制网；二层（含）以上各层＋0.500＝××.×××m 高程传递标准点 1、2、3。

（5）放线简图。

应标明楼层外轮廓线、楼层重要控制轴线、尺寸及指北方向，采用内控法向上传递控制线时，第一个施工段要标明不少于 4 个内控点。首层（不含）以上各层标明垂直度偏差方向及数值。

（6）检查意见。

由施工单位根据监理的要求采用计算机打印，应有测量的具体数据误差。

（7）签字栏。

1）专业技术负责人。栋号技术负责人或有测量上岗证的项目测量组长。

2）专业质检员。验线员或质量检查员。

3）实测人。有测量上岗证的实测人。

4）施工单位。施工总承包单位全称。

4. 楼层标高抄测记录包括哪些内容？

答：楼层标高抄测记录包括如下内容：

（1）工程名称。与施工图签一致。

（2）日期。实际抄测时间。

（3）抄测部位。抄测的层数及抄测的施工段的轴线范围。

（4）抄测内容。墙、柱上本层＋0.500（建）＝××.×××m，或墙、柱上本层＋1.000（建）＝××.×××m。

（5）抄测依据。

1）首层以下各层用施工高程控制网；首层用有资质测绘单位抄测的高程点；二层（含）以上各层＋0.500（建）＝××.×××m 高程传递控制点。

2）所抄测楼层的建筑平面图。

3）施工测量方案。

4）建筑工程施工测量规程。

（6）抄测说明。

抄测范围用轴线简图表示；抄测标高用局部剖面表示；抄测根据应注明仪器型号、出厂编号、合格仪器鉴定时间。

（7）检查意见。

经核对：楼层设计标高与抄测标高设计无误。

经查验：墙柱上抄测＋0.500（建）＝××.×××m，标高线误差××mm。

符合设计施工图标高及建筑工程施工测量规程精度要求。

（8）签字栏。

1）施工单位。单位工程施工总承包单位全称。

2）专业技术负责人。栋号技术负责人或有测量上岗证的项目测量组长。

3）专业质检员。验线员或质检员。

4）施测人。有测量上岗证的施测人。

5. 建筑物垂直度、标高观测记录包括哪些内容?

答：建筑物垂直度、标高观测记录包括如下内容：

（1）工程名称。与混凝土施工图中图签一致。

（2）施工阶段。结构完成或工程竣工。

（3）观测说明。

1）用示意外轮廓轴线简图表示阳角观测部位。

2）简明标注对总高的垂直度和对总高进行实测实量所采用的仪器及方法。

3）注明建筑物结构形式，是为对应允许误差的分类。

（4）垂直度测量（全高）、标高测量（全高）指阳角外檐总高度。

（5）观测部位实测偏差。

1）垂直度一个阳角有两个偏差值。

2）标高一个阳角有一个偏差值。

3）允许误差，见表 3-10～表 3-12。

建筑物总高度 H 的铅垂度限差　　表 3-10

建筑物总高度（m）	限差（mm）
$30<H\leqslant60$	10
$60<H\leqslant90$	15
$90<H\leqslant120$	20
$120<H\leqslant150$	25
$150<H\leqslant180$	30
$180<H$	符合设计要求

建筑物总高度 H 限差　　表 3-11

建筑物总高度（m）	限差（mm）
$30<H\leqslant60$	±10
$60<H\leqslant90$	±15
$90<H\leqslant120$	±20
$120<H\leqslant150$	±25
$150<H\leqslant180$	±30
$180<H$	符合设计要求

混凝土工程、钢结构工程、砌体工程垂直度、标高允许偏差　表 3-12

<table>
<tr><th colspan="4" rowspan="2">项　目</th><th colspan="2">允许偏差值（mm）</th><th rowspan="2">检查方法</th></tr>
<tr><th>国家规范标准</th><th>结构长城杯标准</th></tr>
<tr><td rowspan="5">混凝土工程</td><td rowspan="3">垂直度</td><td colspan="2">层高≤5m</td><td>8</td><td>5</td><td rowspan="3">经纬仪
吊线
尺量</td></tr>
<tr><td colspan="2">层高＞5m</td><td>8</td><td>5</td></tr>
<tr><td colspan="2">全高 H</td><td>H/1000 且≤30</td><td>H/1000 且≤30</td></tr>
<tr><td rowspan="2">标高</td><td colspan="2">层高</td><td>±10</td><td>±5</td><td rowspan="2">水准仪</td></tr>
<tr><td colspan="2">全高</td><td>±30</td><td>±30</td></tr>
<tr><td rowspan="3">钢结构工程</td><td rowspan="3">垂直度</td><td colspan="2">杯口、单节柱</td><td>—</td><td>8</td><td rowspan="3">经纬仪

尺量</td></tr>
<tr><td colspan="2">单层结构跨中</td><td>—</td><td>10</td></tr>
<tr><td colspan="2">多层、高层整体结构</td><td>—</td><td>20</td></tr>
<tr><td rowspan="3">砌体工程</td><td rowspan="3">垂直度</td><td colspan="2">每层</td><td>5</td><td>5</td><td rowspan="3">经纬仪
吊线
尺量</td></tr>
<tr><td rowspan="2">全高</td><td>≤10m</td><td>10</td><td>8</td></tr>
<tr><td>＞10m</td><td>20</td><td>15</td></tr>
</table>

（6）结论。

经核对：设计施工图及对应有关资料无误。

经查验：总高垂直度偏差值及标高偏差在允许范围之内。

符合设计施工图及建筑工程施工测量规程精度要求。

（7）签字栏。

1）专业技术负责人。项目主任工程师。

2）专业质检员。验线员或质检员。

3）施测人。有测量上岗证的施测人。

4）施工单位。施工总承包单位全称。

6. 沉降观测记录包括哪些内容？

答：沉降观测记录包括如下内容：

（1）按沉降观测方案及基坑边坡支护位移观测方案记录观测次数、时间。

（2）对观测点的每次观测都应有观测值（绝对值或相对值）、本次沉降（位移）量、累计沉降（位移）量。

（3）要有施测人、审核人、技术负责人签名。

（4）工程结构完成及工程竣工沉降观测成套成果资料应盖单位公章。

7. 工程定位测量记录表形式是什么？

答：工程定位测量记录表如表 3-13 所示。

工程定位测量记录表 **表 3-13**

工程定位测量记录		资料编号	
工程名称	×××××工程	委托单位	××××建设集团公司
图纸编号	总平面、首层建筑平面、基础平面	施测日期	××年×月×日
平面坐标依据	××测绘院××普测××号	复测日期	××年×月×日
高程依据	××测绘院××普测××号	使用仪器	GTS—3002N（OS0285） NA723（6230718）
允许误差	$i<1/7500$；$a<\pm 26''$； $h\leqslant\pm 5\sqrt{n}$mm	仪器校验日期	GTS—3002N×年×月×日 NA723　×年×月×日

定位抄测示意图：

复测结果：

经校对：上图楼座坐标、规划总图、施工图、测量成果一致，资料合格。

经实测：1. 现场桩点最大误差小于±3mm，角点误差小于±15″。

2. 引测施工现场的三个施工标高+1.000（建）=××.×××m，误差均在 2mm 以内。

符合设计施工图尺寸，达到《工程测量规范》GB 50026 精度要求。

签字栏	建设（监理）单位	施工（测量）单位	××××建设集团公司	测量人员岗位证书号	××—×××××××
		专业技术负责人	测量负责人	复测人	施测人
	×××	×××	×××	×××	×××

8. 基槽验线记录表形式是什么？

答：基槽验线记录表如表 3-14 所示。

基槽验线记录表 **表 3-14**

<table>
<tr><td colspan="3">基槽验线记录</td><td>资料编号</td><td colspan="3"></td></tr>
<tr><td colspan="2">工程名称</td><td>×××××工程</td><td>委托单位</td><td colspan="3">××××建设集团公司</td></tr>
<tr><td colspan="7">验线依据及内容：
一、依据
1. 定位控制桩①③⑤⑦ⒶⒷⒸⒹ。
2. 施工高程控制网 BM1、BM2、BM3。
3. 基础平面图××。
4. 施工测量方案（含土方开挖方案）。
5.《工程测量规范》GB 50026。
二、内容
1. 基底外轮廓线及外廓断面。
2. 垫层标高。
3. 集水坑、电梯井等垫层标高、位置。</td></tr>
<tr><td colspan="7">基槽平面、剖面简图：</td></tr>
<tr><td colspan="7">检查意见：
经校对：外控轴线、设计施工图尺寸无误。
经实测：1. 基础外轮廓线、基础外边尺寸，集水坑、设备井、电梯井位置误差均在±3mm 以内。
2. 垫层标高－×.×××、－×.×××、×.×××，误差均在±5mm 以内。
符合设计施工图尺寸，达到《工程测量规范》GB 50026 精度要求。</td></tr>
<tr><td rowspan="3">签字栏</td><td rowspan="2" colspan="2">建设（监理）单位</td><td>施工（测量）单位</td><td colspan="3">××××建设集团公司</td></tr>
<tr><td>专业技术负责人</td><td colspan="2">专业质检员</td><td>施测人</td></tr>
<tr><td colspan="2">×××</td><td>×××</td><td colspan="2">×××</td><td>×××</td></tr>
</table>

注：本表由建设单位、施工单位、城建档案馆各保存一份。

9. 楼层平面放线记录表形式是什么？

答：楼层平面放线记录表如表 3-15 所示。

楼层平面放线记录表　　表 3-15

<table>
<tr><td colspan="2">楼层平面放线记录</td><td>资料编号</td><td></td></tr>
<tr><td>工程名称</td><td>×××××工程</td><td>委托单位</td><td>××××建设集团公司</td></tr>
<tr><td>放线部位</td><td>首层①～⑦/Ⓐ～Ⓓ Ⅰ段、Ⅱ段</td><td></td><td></td></tr>
<tr><td></td><td></td><td></td><td></td></tr>
<tr><td colspan="4">放线依据：
1. 定位控制桩①③⑤⑦ⒶⒷⒸⒹ。
2. 市测绘院高程控制网 BM1、BM2、BM3。
3. 首层建筑平面图××、结构图××。
4. 施工测量方案。
5.《工程测量规范》GB 50026。</td></tr>
<tr><td colspan="4">放线简图：</td></tr>
<tr><td colspan="4">检查意见：
经校对：外控桩（坐标）尺寸、设计施工图及放线成果资料一致无误。
经实测：1. 控制线尺寸误差在±5mm 以内，角度误差在±10″以内。
2. 各轴线、墙柱边线、界线、门窗洞口线误差均在±2mm 以内。
3. 内控间距尺寸误差在 2mm 以内，角度误差在±5″以内。
4. 本层结构面标高－0.100 误差在±5mm 以内。
符合《工程测量规范》GB 50026 精度要求。</td></tr>
</table>

<table>
<tr><td rowspan="3">签字栏</td><td rowspan="2">建设（监理）单位</td><td>施工（测量）单位</td><td colspan="2">××××建设集团公司</td></tr>
<tr><td>专业技术负责人</td><td>专业质检员</td><td>施测人</td></tr>
<tr><td>×××</td><td>×××</td><td>×××</td><td>×××</td></tr>
</table>

注：本表由施工单位保存。

10. 楼层标高抄测记录表形式是什么？

答：楼层标高抄测记录表如表3-16所示。

楼层标高抄测记录表　　　　表3-16

<table>
<tr><td colspan="3">楼层标高抄测记录</td><td>资料编号</td><td></td></tr>
<tr><td colspan="2">工程名称</td><td>×××××工程</td><td>委托单位</td><td>××××建设集团公司</td></tr>
<tr><td colspan="2">放线部位</td><td>三层②～⑥/Ⓒ～ⒹⅡ段、Ⅳ段</td><td>抄测内容</td><td>墙柱1.000（建）=×.×××</td></tr>
<tr><td colspan="5">抄测依据：
1. 首层1.000（建）=××.×××m水平控制点。
2. 三层建筑平面图（建施-6）。
3. 首层建筑平面图××、结构图××。
4. 施工测量方案。
5.《工程测量规范》GB 50026。</td></tr>
<tr><td colspan="5">抄测简图：</td></tr>
<tr><td colspan="5">检查意见：
经校对：楼层设计标高与抄测报告数值无误。
经检验：墙上抄测1.000（建）=××.×××m，标高误差均在±2mm以内。
符合设计施工图标高及《工程测量规范》GB 50026精度要求。</td></tr>
<tr><td rowspan="3">签字栏</td><td rowspan="2">建设（监理）单位</td><td>施工（测量）单位</td><td colspan="2">××××建设集团公司</td></tr>
<tr><td>专业技术负责人</td><td>专业质检员</td><td>施测人</td></tr>
<tr><td>×××</td><td>×××</td><td>×××</td><td>×××</td></tr>
</table>

注：本表由施工单位保存。

 11. 建筑物垂直度、标高观测记录表形式是什么？

答：建筑物垂直度、标高观测记录表如表 3-17 所示。

建筑物垂直度、标高观测记录表　　　　表 3-17

<table>
<tr><td colspan="2">建筑物垂直度、标高观测记录</td><td>资料编号</td><td></td></tr>
<tr><td>工程名称</td><td colspan="3">×××××工程</td></tr>
<tr><td>施工阶段</td><td>结构完成</td><td>观测日期</td><td>年　月　日</td></tr>
<tr><td colspan="4">观测说明（附观测示意图）：
1. 本工程为现浇混凝土框架—剪力墙结构。
2. 用 2″精度铅直仪配合量距测得全高、垂直度。
3. 用检定合格的 50m 钢尺外加三项改正量得总高偏差。</td></tr>
<tr><td colspan="2">铅直度测量（全高）××. ×××m</td><td colspan="2">标高测量（全高）××. ×××m</td></tr>
<tr><td>观测部位</td><td>实测偏差（mm）</td><td>观测部位</td><td>实测偏差（mm）</td></tr>
<tr><td></td><td></td><td></td><td></td></tr>
<tr><td></td><td></td><td></td><td></td></tr>
<tr><td></td><td></td><td></td><td></td></tr>
<tr><td></td><td></td><td></td><td></td></tr>
<tr><td></td><td></td><td></td><td></td></tr>
<tr><td></td><td></td><td></td><td></td></tr>
<tr><td></td><td></td><td></td><td></td></tr>
<tr><td></td><td></td><td></td><td></td></tr>
<tr><td colspan="4">检查意见：
经校对：设计图及对应有关资料无误。
经实测：总高垂直度偏差即标高高差值在允许范围之内。
符合设计施工图及《工程测量规范》GB 50026 精度要求。</td></tr>
</table>

<table>
<tr><td rowspan="3">签字栏</td><td rowspan="2">建设（监理）单位</td><td>施工（测量）单位</td><td colspan="2">××××建设集团公司</td></tr>
<tr><td>专业技术负责人</td><td>专业质检员</td><td>施测人</td></tr>
<tr><td>×××</td><td>×××</td><td>×××</td><td>×××</td></tr>
</table>

注：本表由建设单位、施工单位、城建档案馆各保存一份。

12. 沉降观测记录表形式是什么？

答：沉降观测记录表形式如表 3-18 所示。

沉降观测记录表　　　　表 3-18

工程名称：×××工程

观测次数	沉降点 / 观测日期	1			2			3			4			形象进度
		高程（m）	本次沉降（mm）	累计沉降（mm）	高程（m）	本次沉降（mm）	累计沉降（mm）	高程（m）	本次沉降（mm）	累计沉降（mm）	高程（m）	本次沉降（mm）	累计沉降（mm）	
1														结构首层
2														结构三层
3														结构五层
4														结构七层
5														结构九层
6														结构十一层
7														结构十三层

13. 建筑物变形观测的项目和内容有哪些?

答：测定建筑物及其地基在建筑物本身的荷载或受外力作用下，一定时间段内所产生的变形量及其数据的分析和处理工作。内容包括沉降、倾斜、位移、挠曲、风振等变形观测项目。其目的是监视建筑物在施工过程中和竣工后，投入使用中的安全情况；验证地质勘查资料和设计数据的可靠程度；研究变形的原因和规律，以改进设计理论和施工方法。

（1）建筑物地基和基础变形观测

建筑物地基和基础变形观测内容主要有：

1）基坑回弹测量。在基坑开挖前、中、后期，测出事先埋设在基底面上的观测点，由于基坑开挖引起的高程变化。开挖前和开挖后两次的高程差为基坑的总回弹量。

2）地基分层沉降测量。测出埋设在不同土层上的观测点因荷载增加而引起的高程变化，以求得各土层的沉降量和受压层的最大深度。

3）建筑物的沉降测量。测出建筑物或基础上的观测点，因时间推移或因地基发生变化所引起的高程差异，比较不同周期的观测值即得沉降量。

以上内容都属于以垂直位移为主的变形观测，其方法是首先按建筑场地地形、地质条件和对变形观测的精度要求，合理布设变形控制网点（见工程控制测量）。在建筑物附近比较稳固的位置埋设工作基点，直接用以测定建筑物上的观测点的位移，尽可能在变形影响以外的稳固位置埋设基准点（检查点），用以检核工作基点本身的稳固性（见地面沉降和水平位移观测）。工作基点与基准点一般都组成网形，用精密水准测量的方法来施测和检验。高程变化值的测定通常采用精密水准方法，也可用液体静力水准仪、气泡倾斜仪、电子水准器等进行测量。

（2）建筑物上部变形观测

建筑物上部变形观测内容主要有：

1）倾斜观测。测定建筑物顶部由于地基的差异沉降或受外力作用而产生的垂直偏差。通常在顶部和墙基设置观测点，定期观测其相对位移值，也可直接观测顶部中心点相对于底部中心点的位移值，然后推算建筑物的倾斜度。

2）位移观测。测定建筑物因受侧向荷载的影响而产生的水平位移量，观测点的建立视工程情况和位移的方向而定。

3）裂缝观测。测出建筑物因基础的局部不均匀沉降而使墙体出现的裂缝。一般在裂缝两侧设置观测标志，定期观测其位置变化，以取得裂缝的大小和走向等资料。

4）挠度观测。测定建筑物受力后产生的挠曲程度。一般测定设置在建筑物垂直面内不同高度观测点相对于底点的水平位移值。

5）摆动和转动观测。测定高层建筑物和高耸构筑物在风振、地震、日照等外力作用下的摆动量和扭曲程度。

上述内容多属于以水平位移为主的变形观测，其方法除在稳定地区建立变形控制网，检验工作基点或基准点的稳固性外，通常使用测角前方交会法、经纬仪投影法、观测水平角法、激光准直法和垂线观测法等，来定期测定观测点的位置变化。对于特定方向的水平位移，还可用视准线法和引张线法进行观测。近年来，开始应用的近景摄影测量方法，在测定地基基础与建筑物沉降、建筑物倾斜，测求裂缝参数、模型变形状态参数，以及建筑机械构件变形的检验等方面都有一定的效果。近景摄影测量通常使用摄影经纬仪、普通摄影机或高速摄影机，按正直、等偏、交向等摄影方式，可在一定时间段或瞬间连续记录建筑物和试验模型的大量点位变形信息。并使用立体坐标量测仪、电子计算机、精密立体测图仪或解析测图仪，按解析法或模拟解析法，测定观测点随时间所产生的二维或三维相对变形量。所摄得的相片，作为档案资料还可在其他任何时候进行检核量测。

14. 变形观测的数据处理与分析基本思路和方法有哪些？

答：变形观测的数据处理与分析基本思路和方法如下：

(1) 将观测成果进行初步整理，再以时间或荷载为横坐标，以累计变形量为纵坐标，绘制各种变形过程线，以便初步了解变形的幅度、趋势和建筑物的安全情况。

(2) 要对观测资料进行归纳和分析。通常采用回归分析的方法，先选择合适的拟合方法，再按最小二乘法与统计检验的原理求得回归方程，从而找出变形的规律性。由此方程即可根据各个自变量来推求所需因变量（即变形值），以推算、预报今后的变形情况，研究应采取的措施。对于基准点、工作基点和观测点稳固性的检验，在有固定的起算点时，用统计检验的方法，根据定期重复观测的结果，用最小二乘法计算各点的离差矢量，进行F（两个正态母体的方差是否相等）检验，以判断水准点高程的变化是由于水准点的升降所引起还是由于观测的误差所引起。在没有固定的起算点时，采用秩亏自由网平差方法计算各点的位移值，根据定期重复观测成果，判断其稳定性。

随着高大建筑的增多和古建筑的维修，变形观测工作愈来愈受到人们的重视。变形控制网的布设，已在研究优化设计的理论和方法；观测方法除了沿用一些行之有效的传统观测仪器和方法外，将逐步应用全能激光测量仪、自动垂直仪、电子测斜仪、位移摄影探索器等光电、电子仪器和摄影测量技术，使测量过程日趋自动化；观测数据的处理，已广泛应用数理统计的方法来检验点位的稳定性，由单一变量统计分析发展到多变量动态的定性定量统计分析，对建筑物的安全将提供更可靠的保证。

第四章　专业技能

第一节　工程实践中测量仪器的使用

1. 怎样利用全站仪测绘地形图?

答：（1）全站仪测图所使用的仪器和程序应符合下列规定：

1）宜采用6″级全站仪，其测距标称精度，固定误差不应大于10mm，比例误差系数不应大于5pmm。

2）测图的应用程序，应满足内业数据处理和图像编辑的基本要求。

3）数据传输后，宜将测量数据转换为常用数据形式。

（2）全站仪测图的方法，可采用编码法、草图法和内外作业一体化的实时成图法等。

（3）当布设的图根点不能满足测图需要时，可采用极坐标法增设少量测点。

（4）全站仪测图的仪器安置及测站检核，应符合下列要求：

1）仪器的对中偏差不应大于5mm，仪器高和反光镜高的量取应精确至1mm。

2）应选择较远的图根点作为测站定向点，并施测另一图根点的坐标和高程，作为测站检核。检核点的平面位置较差不应大于图上0.2mm，高程较差不应大于基本等高距的1/5。

3）作业过程中和作业结束前，应对定向方位进行检查。

（5）全站仪测图的测距长度，不应超过表4-1的规定。

全站仪测图的最大测距长度 **表 4-1**

比例尺	最大测距长度（m）	
	地物点	地形点
1∶500	160	300
1∶1000	300	500
1∶2000	450	700
1∶5000	700	1000

1）当采用草图法作业时，应按测站绘制草图，并对测点进行编号，测点编号应与仪器记录点号相一致。草图的绘制，宜简化标示地形要素的位置、属性和相互关系等。

2）当采用编码法作业时，宜采用通用编码格式，也可使用软件的自动定义功能和扩展功能建立用户编码系统进行作业。

3）当采用内外作业一体化的实时成图法作业时，应实时确定测点的属性、连接关系和逻辑关系等。

4）在建筑密集的地区作业时，对于全站仪无法直接测量的点位，可采用支距法、线交会法等几何作图方法进行测量，并记录相关数据。

（6）当采用手工记录时，观测的水平角和垂直角宜读记至“″”，距离宜读记至“cm”，坐标和高程的计算（或读记）精确至 1cm。

（7）全站仪测图，可按图幅施测，也可分区施测。按图幅施测时，每幅图应测出图廓线外 5mm；分区施测时，应测出区域界线外图上 5mm。

（8）对采集的数据应进行检查处理，删除或标注作废数据、重测超限数据、补测错漏数据。对检查修改后的数据，应及时与计算机联机通信，生成原始数据文件并做备份。

2. 怎样采用经纬仪测绘地形图？

答：采用经纬仪测绘地形图的工作内容如下：

(1) 碎部点的选择

碎部点的正确选择是保证成图质量和提高测图效率的关键，碎部点应尽量选择在地物、地貌的特征点上。

测量地貌时，碎部点应选在最能反映地貌特征的山脊、山谷线等地形线上，根据这些特征点的高程勾绘等高线，就能得到与地貌特征最为相似的图形。

测量地物时，碎部点应选择在决定地物轮廓线的转折点、交叉点、弯曲点及独立地物的中心点等处，如房屋的角点、道路的转折点、交叉点等。这些点测定之后，将它们连接起来，即可得到与地面建筑物相似的轮廓图形。由于地物的形状极不规则，故一般规定主要地物凹凸部分在图上大于 0.4mm 均应表示出来。在地形图上小于 0.4mm，可用直线连接。

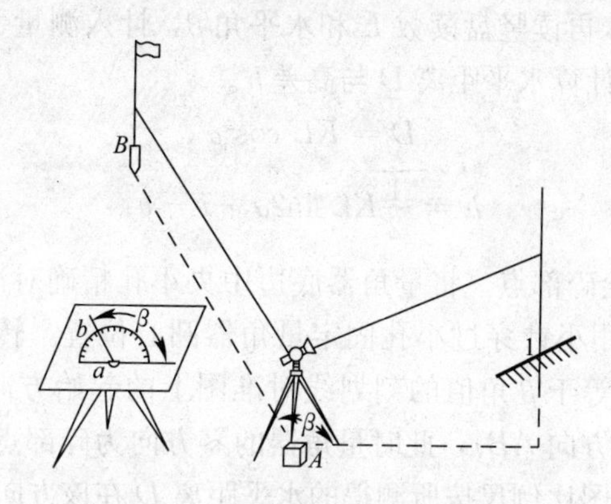

图 4-1 经纬仪测绘法示意图

(2) 测绘步骤

1) 安置仪器。如图 4-1 所示，在测站点 A 上安置经纬仪(包括对中、整平)，测定竖盘指标差 x (一般应小于 $1'$)，量取仪器高 i，设置水平度盘读数为 $0°00'00''$，后视另一控制点 B，则 AB 称为起始方向，计入手簿。

将图板安置在测站旁，目估定向，以便对照实际测绘。连接图上相应控制点 A、B，并适当延长，得图上起始方向线 AB。

然后，用小针通过量角器圆心的小孔插在 A 点，使量角器圆心固定在 A 点上。

2）定向。置水平度盘读数为 $0°00'00''$，并后视另一控制点 B，即起始方向 AB 的水平度盘读数为 $0°00'00''$（水平度盘的零方向），此时复测器扳手在上或将度盘变换手轮盖扣紧。

3）立尺。立尺员将标尺依次立在地物或地貌特征点上（图 4-1 中的 1 点），立尺前，应根据测区范围和实际情况，立尺员、测量员与测绘员共同商定跑尺路线，选定立尺点，做到不漏点、不废点，同时立尺员应在现场绘制地形点草图，对各种地物、地貌应分别指定代码，供绘图员参考。

4）观测、记录与计算。观测员将经纬仪瞄准碎部点上标尺，使中丝读数 v 在 i 值附近，读取视距间隔 KL，然后使中丝读数 v 等于 i 值，再读竖盘读数 L 和水平角 β，计入测量手簿，并依据下列公式计算水平距离 D 与高差 h。

$$D = KL\cos^2\alpha$$

$$h = \frac{1}{2}KL\sin2\alpha + i - v$$

5）展绘碎部点。将量角器底边中央小孔精确对准图上测站 a 点处，并用小针穿过小孔固定量角器圆心位置。转动量角器，使量角器上等于 β 角值的刻划线对准图上的起始方向 ab（对应于实际的零方向 AB），此时量角器的零方向为碎部点 1 的方向。然后根据测图比例尺按所测得的水平距离 D 在该方向上定出点 1 的位置，并在点的右侧注明其高程。地形图上高程点的注记，字头应朝北。

3. 怎样进行纸质地形图的绘制？

答：（1）轮廓符号的绘制，应符合下列规定：

1）依比例尺绘制的轮廓符号，应保持轮廓位置的精度。

2）半依比例尺绘制的线状符号，应保持其主线位置的几何精度。

3）不依比例尺绘制的符号，应保持其主点位置的几何精度。

（2）居民地的绘制，应符合下列规定：

1）城镇和农村的街区、房屋，均应按外轮廓线准确绘制。

2）街区与街道的衔接处，应留出 0.2mm 的间隔。

（3）水系及河流区，应符合下列规定：

1）水系应先绘桥、闸，其次绘双线河、湖泊、渠、海岸线、单线河，然后绘堤岸、陡坡、沙滩和渡口等。

2）当河流遇桥梁时应中断，单线沟渠与双线河相交时，应将水涯线断开，弯曲交于一点。当两双线河相交时应互相衔接。

（4）交通及附属设施的绘制，应符合下列规定：

1）当绘制道路时，应先绘铁路再绘公路及大车路。

2）当实线道路与虚线道路、虚线道路与虚线道路相交时，应用实线布置且相交。

3）当公路遇桥梁时，公路和桥梁应留出 0.2mm 的间隔。

（5）等高线的绘制，应符合下列规定：

1）应保证精度、划线均匀、光滑自然。

2）当图上的等高线遇双线河、渠和不依比例尺绘制的符号时，应中断。

（6）境界线的绘制，应符合下列规定：

1）凡绘制有国界线的地形图，必须符合国务院批准的有关境界线的绘制规定。

2）境界线的转角处，不得有间断，并应在转角上绘出点或曲折线。

（7）各种注记的配置，应分别符合下列规定：

1）文字标记应使所指示的服务能明确判读。一般情况下，字头应朝北。道路河流名称，可随现状弯曲的方向排列。各字侧边或底边，应垂直或平行于现状物体。各字间隔尺寸应在 0.5mm 以上；远间隔的也不宜超过字号的 8 倍，注字应避免遮挡主要地物和地形的特征部分。

2）高程的标记，应注于点的右方，离点位的间隔应为

0.5mm。

3）等高线的注记，字头应指向山顶或高地，字头不应朝向图纸的下方。

（8）外作业绘制的纸质图纸，宜进行着墨或映绘，其成图应墨色黑实光润，图面整洁。

（9）每幅图绘制完成后，应进行图面检查和图幅接边，整饰检查，发现问题及时修改。

4. 怎样进行数字地形图的编辑处理？

答：（1）数字地形图编辑处理软件的应用，应符合下列规定：

1）首次使用前，应对软件的功能、图形输出的精度进行全面测试。满足要求和工程需要后，方可投入使用。

2）使用时应严格按照软件的操作要求作业。

（2）观测数据的处理，应符合下列规定：

1）观测数据应采用与计算机联机通信的方式，转存至计算机并生成原始数据文件；数据量较少时也可采用键盘输入，但应加强检查。

2）应采用数据处理软件，将原始数据文件的控制测量数据、地形测量数据和检查数据进行分离（类），并分别进行处理。

3）对地形测量数据的处理，可增删或修改测点的编码、属性和信息的排序等，但不得修改测量数据。

4）生成等高线时，应确定地性线的走向和断裂线的封闭。

（3）地形图要素要分层表示。分层的方法和图层的名称对于同一工程宜采用统一格式，也可根据工程需要对图层部分属性进行修改。

（4）使用数据文件自动生成的图形或使用批处理软件生成的图形，应对其进行必要的人机交互式图形编辑。

（5）数字地形图中各种地物、地貌特征符号、注记等的绘制和编辑，可按纸质图纸的相关要求进行，当不同属性的线段重合时，可同时绘出，并采用不同的颜色分层表示（对于打印输出的纸质地形图可择其主要部分表示）。

（6）数字地形图的分幅，除满足前述相关规定外，还应满足下列要求：

1）分区施测的地形图，应进行土方裁剪。分幅裁剪时（或自动分幅裁剪后），应对图幅边缘的数据进行检查、编辑。

2）按图幅施测的地形图，应进行接图检查和图边数据编辑。图幅接边误差应符合规定。

3）图标及坐标格网的绘制，应采用成图软件自动生成。

（7）数字地形图的编辑检查，应包括以下内容：

1）图形的连接关系是否正确，是否与草图一致，有无漏洞等。

2）各种注记的位置是否适当，是否避开地物、符号等。

3）各种线段的连接、相交或重叠是否恰当、准确。

4）等高线的绘制是否与地性线协调，注记是否适宜，断开部分是否合理。

5）对间距小于图上 0.2mm 的不同属性的线段处理是否恰当。

6）地形、地物的相关属性信息赋值是否正确。

第二节　建筑工程测量技能

1. 建筑物的定位包括哪些内容？

答：主要是按照设计定位条件根据场地平面控制网或主轴线测定，一般在测定建筑物四廓和各细部轴线位置时，首先测定建筑物各大角的轴线控制桩，即在建筑物基坑外 1～10m 处，测定与建筑物四廓平行的建筑物控制桩（俗称保险桩），作为建筑物定位和基坑开挖后建筑物撂底的依据。如挖土前不可能做这步工作时，则应在基坑开挖后，有条件时尽早做好这项工作，这是决定建筑物具体定位的基本依据。因此，要采取可靠措施保护好这些控制桩，尤其是直接控制高层竖直方向的轴线控制桩，应精确地延长到等于建筑物总高度之外。建筑物控制网的精度应与场地平面控制网的精度一致。建筑物四廓和各细部轴线测定后，即可根据基础图撒好灰线，经自检合格后，提请有关技术部门和甲方验线，这是保证建筑物定位正确性的有效措施。沿红线兴建的建筑物放线后，还要由城建规划部门验线，以防新建建筑物压线或超红线。

2. 怎样用全站仪极坐标法进行建筑物的放样?

答：(1) 在控制点上架设全站仪并对中、整平，初始化后检查仪器设置：气温、气压、棱镜常数；输入（调入）测站点的三维坐标，量取并输入仪器高，输入（调入）后视点坐标，照准后视点进行后视。如果后视点上有棱镜，输入棱镜高，可以马上测量后视点的坐标和高程并与已知数据检核。

(2) 瞄准另一控制点，检查方位角或坐标；在另一已知高程点上竖棱镜或尺子检查仪器的视线高。利用仪器自身计算功能进行计算时，记录员也应进行相应的计算以检核输入数据的正确性。

(3) 在各待定测站点上架设三脚架和棱镜，量取、记录并输入棱镜高，测量、记录待定点的坐标和高程。以上步骤为测站点的测量。

(4) 在测站点上按步骤 (1) 安置全站仪，照准另一立镜测站点检查坐标和高程。

(5) 记录员根据测站点和拟放样点坐标反算出测站点至放样点的距离和方位角。

(6) 观测员转动仪器至第一个放样点的方位角，指挥司镜员移动棱镜至仪器视线方向上，测量平距 D。

(7) 计算实测距离 D 与放样距离 D 的差值：$\Delta D = D_{后} - D_{前}$，指挥司镜员在视线上前进或后退 ΔD。

(8) 重复上述过程，直到 ΔD 小于放样限差（非坚硬地面此时可以打桩)。

(9) 检查仪器的方位角值，棱镜气泡严格居中（必要时架设三脚架)，若 ΔD 小于限差要求，则可精确标定点位。

(10) 测量并记录现场放样点的坐标和高程，与理论坐标比较检核。确认无误后在标志旁加注记。

(11) 重复 (6) ～ (10) 的过程，放样出该测站上所有待放样点。

(12) 如果一站不能放样出所有待放样点，可以在另一测站点上设站继续放样，但开始放样前还须检测已放出的 2～3 个点位，其差值应不大于放样点的允许偏差。

(13) 全部放样点放样完毕后，随机抽检规定数量的放样点并记录，其差值应不大于放样点的允许偏差值。

(14) 作业结束后，观测员检查记录计算资料并签字。

(15) 测量放样负责人逐一将标注数据与记录结果比对，同时检查点位间的几何尺寸关系及与有关结构边线的相对尺寸关系并记录，以验证标注数据和所放样点位无误。

(16) 填写测量放样交样单。

3. 怎样进行房屋基础施工测量?

答：基础施工测量包括开挖深度和垫层标高控制、垫层上基础中线的投测和基础墙标高的控制等内容。

(1) 开挖深度和垫层标高控制

为了控制基槽的开挖深度，当快挖到槽底标高时，应用水准仪根据地面±0.000 控制点，在槽壁上测设一些小木桩（称为水平桩)，使木桩的上表面离槽底的设计标高为一固定值（如 0.500m)，作为控制挖槽深度、槽底清理和基础垫层施工的依据。一般在基槽转角处均应设置水平桩，中间每隔 5m 设一个。

(2) 垫层上基础中线的投测

基础垫层打好后，根据龙门板上的轴线钉或轴线控制桩，用经纬仪或拉线挂垂球的方法，把轴线投测到垫层上，并用墨线弹出基础周线和边线，并作为砌筑基础的依据。

（3）基础墙标高的控制

基础墙是指±0.000以下的墙体，它的标高一般是用基础皮数杆来控制的。在杆上按照设计尺寸将砖和灰缝的厚度，按皮数画出，杆上注记从±0.000向下增加，并标明防潮层和预留洞口的标高位置等。

4. 怎样进行墙体施工测量?

答：（1）首层楼层墙体的轴线测设

基础墙砌筑到防潮层以后，可以根据轴线控制桩或龙门板上的轴线钉，用经纬仪或拉线的方法，把首层楼房的轴线和边线测设到防潮层上，并弹出墨线，检查外墙轴线交角是否为90°。符合要求后，把墙轴线延伸到基础外墙侧面做出标志，作为向上投测轴线的依据。同时还应把门、窗和其他洞口的边线，在外墙侧面上做出标志。

（2）上层楼层墙体标高测设

墙体砌筑时，其标高用墙身皮数杆控制。在墙体皮数杆上根据设计尺寸，按砖和灰缝的厚度划线，并标明门、窗、过梁、楼板等的标高位置。杆上注记从±0.000向上增加。每层墙体砌筑到一定高度后，常在各层墙面上测出+0.5m的水平标高线，即常说的50线，作为室内施工及装修的标高依据。

（3）二层以上楼层轴线测设

在多层建筑墙身砌筑过程中，为了保证建筑物轴线准确，可用吊垂球和经纬仪的方法将基础或首层墙面上的标志轴线投测到各施工楼层上。

1）吊垂球的方法。将较重的垂球悬吊在楼板边缘，当垂球尖对准下面轴线标志时，垂球线在楼板边缘的位置，在此做出标志线。各轴线的标志线投测完毕后，检查各轴线间的距离，符合要求后，将各轴线的标志线连接即为楼层墙体轴线。

2）经纬仪投测法。在轴线控制桩上安置经纬仪，对中整平后，照准基础或首层墙面上的轴线标志，用盘左、盘右分中法，将轴线投测到楼层边缘，在此做出标注线。各轴线的标注线投测完毕后，检查各轴线间的间距，符合要求后，将各轴线的标志线连接即为楼层墙体轴线。

（4）二层以上楼层标高传递

可以采用皮数杆传递、钢尺直接丈量、悬吊钢尺等方法。

1）利用皮数杆传递。一层楼房砌筑完成后，当采用外墙皮数杆时，沿外墙接上皮数杆，即可以把标高传递到各楼层上去。

2）利用钢尺直接丈量。在标高精度要求较高时，可用钢尺从±0.000标高处向上直接丈量，把高程传递上来，然后设置楼层皮数杆，统一抄平后作为该楼层施工时控制标高的依据。

3）悬吊钢尺法。在楼面上或楼梯间悬吊钢尺，钢尺下端悬挂一重锤，然后使用水准仪把高程传递上来。一般需要从三个标高点向上传递，最后用水准仪检查传递的高程点是否在同一水平面上，误差不超过±3mm。

5. 怎样进行高层建筑定位测量？

答：高层建筑定位测量包括如下内容：

（1）测设施工方格网

根据设计单位给定的依据和定位条件，进行高层建筑的定位放线，是确定建筑物平面位置和进行基础施工的关键环节，施测时必须保证精度，因此，一定要采用测设专用的施工方格网的形式来定位。

施工方格网是测设在开挖范围以外一定距离，平行于建筑物主要方向的矩形控制网，如图4-2所示，M、N、P、Q为拟建高层建筑的四大角轴线交点，A、B、C、D是施工方格网的四个角点。施工方格网一般在施工总平面图上进行设计，先根据现场情况确定其各边线与建筑轴线的间距，再确定四个角点的坐标，然后在现场根据城市测量控制网或建设场地上测量控制网，用极坐标法或直角坐标法，在现场测设出来并打桩。最后还应在现场检测方格网的四个内角和四条边长，并按设计角度和尺寸进行相应的调整。

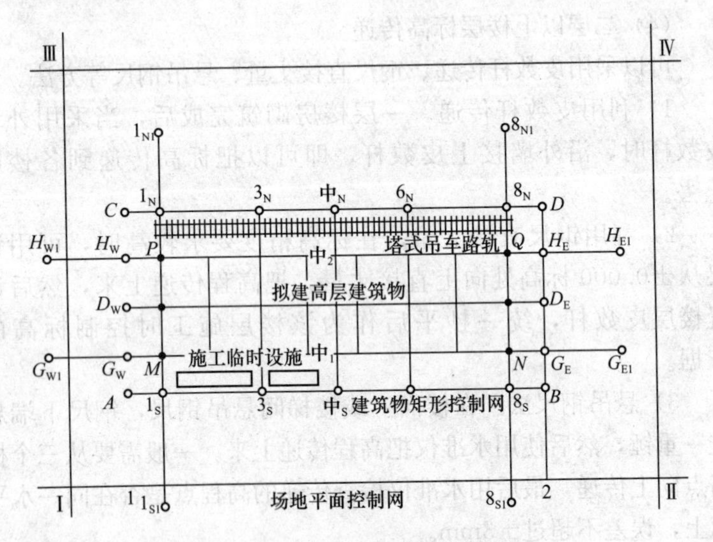

图 4-2　高层建筑平面控制网

（2）在施工方格网的四边上，根据建筑物主要轴线与方格网的间距，测设主要轴线的控制桩。如图 4-2 所示的 I_s、I_N 为轴线 MP 的控制桩，8_s、8_N 为轴线 NQ 的控制桩，G_W、G_E 为轴线 MN 的控制桩，H_W、H_E 为轴线 PQ 的控制桩，测设时要以施工方格网各边的两端控制点为准，用经纬仪定线，用钢尺拉通尺量距来打桩定点。测设好这些轴线控制桩后，施工时便可方便准确地在现场确定建筑物的四个主要角点。

除了四廓的轴线外，建筑物的中轴线等重要轴线也应在施工方格网边线上测设出来，与四廓的轴线一起，称为施工控制网中的控制线，一般要求控制线的间距为 30～50m。

控制线的增多，可为以后测设细部轴线带来方便，也便于校核轴线偏差。如果高层建筑是分期分区施工，为满足局部区域定位测量的需要，应把对该区域有控制意义的轴线在施工方格网边测设出来。施工方格网控制线的测设精度不低于 1/10000，测角精度不低于±10″。

如果高层建筑准备采用经纬仪法进行轴线投测，还应把应投测轴线的控制桩往更远处安全固定的地方引测，如图 4-2 中，四条外廓主轴线是今后要往高处投测的主轴线，用经纬仪引测，得到 H_{W1} 等八个轴线控制桩，这些桩与建筑物的距离应大于建筑物的高度，以免用经纬仪投测时仰角过大。

6. 高层建筑的基础施工测量程序是什么？

答：高层建筑的基础施工测量程序如下：

（1）控制网的建立

1）场区控制网因基础施工阶段地形变化大、地势错阶起伏，单位工程数量多，为实施有效测量控制，开工初期在场区内设置由 2～4 个桩位形成的导线控制网（场区四周边及中间高处各布一点，保证通视即可），场区控制网是单位工程轴线控制网设置的依据，控制网用全站仪进行投测。

2）单位工程轴线控制网。单位工程轴线多且密集，根据建筑物特点选择有代表性的轴线设置轴线控制网。控制桩尽量设在开挖区外原始地坪上；另外在基坑底部及长轴线中部加密设置辅助性控制桩，以便于基础施工测量。工程开工后，测量小组以规划局给定的坐标点以及总平面布置图中建筑物角点标注坐标作为放线依据。由于两幢住宅楼及车库轴线关系较复杂，根据施工图设计的主轴线，对高层工程的桩基础，采用极坐标法放桩位，方法是：先按总图坐标计算出各桩位在总图上的坐标，再根据点出的坐标和测设的场地控制网，将全站仪架在靠工程的场地控制点上，定出各桩位的坐标，同时建好控制轴线。在建筑物外围将控制轴线引出。利用放出的控制轴线对各桩位进行复核。为此，先用全站仪定出事先在总图上点出的两个轴线交点，再用 DJD2-

1GJ 激光经纬仪配合 50m 钢卷尺定出各主控制线，并以主控制线为中心线，用 50m 钢卷尺分出其他各条轴线，作为下一步柱基开挖线的放线依据。

（2）控制桩的设置方式

所有位于土层上的控制桩点（含轴网控制点及高程控制点）均为混凝土墩埋地设置，混凝土墩截面为 300mm×300mm，深度不小于 500mm；桩面上用红油漆对桩号、轴线及高程等进行标示。若控制桩位于完整的基岩上，则可直接将控制点设在基岩面上。控制桩点设置完成后必须在桩的周围设置可靠、醒目的围护设施，对控制桩进行保护。

（3）基础施工测量

基础施工阶段，用经纬仪结合 50m 钢卷尺根据控制桩直接对各轴线进行投测，然后根据设计截面对各构件进行放线；用 S3 水准仪结合 5m 塔尺直接进行高程引测。因基础施工阶段控制桩容易遭碰撞及受地面沉降影响移位，故在每次进行轴线投测前必须先对控制桩有无移位现象进行校核。

7. 怎样进行高层建筑的高程传递？

答：高层建筑的高程传递按如下程序进行：

（1）标高的竖向传递，应用钢尺从塔吊立杆、电梯井内壁或内控点预留孔洞起始高程点竖直量取，当传递高度超过钢尺长度时，应另设一道标高起始线，钢尺需加拉力、尺长、温度改正。

（2）每栋建筑物应由三处（选择三个内控点）分别向上传递。

（3）施工层抄平之前，应先校测首层传递上来的三个标高点，当较差小于 3mm 时，以其平均点引测水平线。抄平时，应尽量将水准仪安置在测点范围的中心位置，并进行一次精密定平，水平线标高的允许误差为±3mm。

8. 高层建筑施工中竖向测量常用的方法有哪些？

答：竖向测量亦称垂准测量。垂准测量是工程测量的重要组成部分。它应用比较广泛，适用于大型工业工程的设备安装、高耸构筑物（高塔、烟囱、筒仓）的施工、矿井的竖向定向，以及高层建筑施工和竖向变形观测等。在高层建筑施工中竖向测量常用的方法有以下几种：吊线坠法、激光铅垂仪法、天顶垂准测量法（仰视法）和天底垂准测量法（俯视法）等。

（1）吊线坠法

吊线坠法一般用于高度为50～100m的高层建筑施工中，可用10～20kg重的特制线坠，用直径0.5～0.8mm钢丝悬吊，在±0.000首层地面上以靠近高层建筑结构四周的轴线点为准，逐层向上悬吊引测轴线和控制结构的竖向偏差，如用软塑料管套着线坠，并采用专用观测设备，则精度更高。

（2）激光铅垂仪法

激光铅垂仪法所用的激光铅垂仪是一种铅垂定位专用仪器，可以从两个方向（向上或向下）发射铅垂激光束，用它作为铅垂基准线，精度比较高。用此方法必须在首层面层上做好平面控制，并选择4个较合适的位置作为控制点或用中心“十”字控制，在浇筑上升的各层楼面时，必须在相应的位置预留200mm×200mm与首层层面控制点相对应的小方孔，保证能使激光束垂直向上穿过预留孔。在首层控制点上架设激光铅垂仪，调置仪器对中整平后启动电源，使激光铅垂仪发射可见的红色光束，投射到上层预留孔的接收靶上，查看红色光斑点离靶心最小之点，此点即为第二层上的一个控制点。其余的控制点用同样方法作向上传递。

（3）天顶垂准测量法

天顶垂准测量法（仰视法）中垂准测量的传统方法是采用挂锤球、经纬仪投影和激光铅垂仪法来传递坐标，但这几种方法均受施工场地及周围环境的制约，当视线受阻，超过一定高度或自然条件不佳时，施测就无法进行。天顶垂准测量法的基本原理，是用经纬仪望远镜进行天顶观测，经纬仪轴系间必须满足下列条件：水准管轴应垂直于竖轴；视准轴应垂直于横轴；横轴应垂直于竖轴。则视准轴与竖轴是在同一方向线上。当望远镜指向天顶时，旋转仪器，利用视准轴线可以在天顶目标上与仪器的空间画出一个倒锥形轨迹。然后调动望远镜微动手轮，逐步归化，往复多次，直至锥形轨迹的半径达到最小，近似铅锥。天顶目标分划上的呈像，经望远镜棱镜通过 90°折射进行观测。

（4）天底垂准测量法

天底垂准测量法（俯视法）是利用 DJ6-C6 光学垂准仪上的望远镜，旋转进行光学对中取其平均值而定出瞬时垂准线。就是使仪器能将一个点向另一个高度面上作垂直投影，再利用地面上的测微分划板测量垂准线和测点间的偏移量，从而完成垂直测量。基准点的对中是利用仪器的望远镜和目镜组，先把望远镜指向天底方向，然后调焦到所观测目标清晰、无视差，使望远镜十字丝与基准点十字分划线相互平行，读出基准点的坐标读数 A_1，转动仪器照准架 180°，再读一次基准点的坐标读数 A_2。由于仪器本身存在系统误差，A_1 与 A_2 不重合，故中数 $A=(A_1+A_2)/2$，这样仪器中心与基准点坐标 A 在同一铅垂线上，再将望远镜调焦至施工层楼面上，在俯视孔上放置十字坐标板，用望远镜十字丝瞄准十字坐标板，移动十字坐标板使十字坐标板坐标轴平行于望远镜十字丝，并使 A 读数与望远镜十字丝中央重合，然后转动仪器，使望远镜与坐标板原点 O 重合。一系列的垂准点标定后，作为测站，可作测角放样以及测建筑物各层的轴线或垂直度控制和倾斜角观测等测量工作。

9. 高层建筑滑模施工测量包括哪些内容?

答：高层建筑滑模施工测量包括如下内容：

（1）铅直度观测

滑模施工的质量关键在于保证铅直度，可采用经纬仪投测法，最好采用激光铅垂仪投测法。

（2）标高测设

首先在墙体上测设＋1.00m 的标高线，然后用钢尺从标高线沿墙体向上测量，最后将标高测设在滑模的支撑杆上。为了减少逐层读数误差的影响，可采用数层累计读数的测法。

（3）水平度观测

在滑升过程中，若施工平台发生倾斜，侧滑出来的结构就会偏扭，将直接影响建筑物的垂直度，所以施工平台的水平度也是十分重要的。在每层停滑间歇，用水准仪在支撑杆上独立进行两次抄平，互为校核，标注红三角，再利用红三角，在支撑杆上弹设一分划线，以控制各支撑点滑升的同步性，从而保证施工平台的水平度。

10. 工业建筑物放样包括哪些内容？

答：工业建筑物放样，就是按照建筑物的设计，以一定的精度将其主要轴线和大小转移到实地上去，并将其固定起来。这项工作是为建筑物的施工做准备，是施工过程的一个开端，没有这项工作，一切建筑物就不可能正确、有计划地进行施工。

建筑物放样的工作包括：直线定向、在地面上标定直线并测设规定的长度、测设规定的角度和高程。在整个施工过程的各个阶段都有这种放样工作。由于施工和放样的紧密联系，所以，放样也就成为建筑工程一个不可分割的部分。工业建筑物放样通常包括如下内容：

（1）投测柱列轴线

根据轴线控制桩用经纬仪将柱列轴线投测到杯形基础顶面作为定位轴线，并在杯口顶面弹出杯口中心线作为定位轴线的标志。

（2）柱身弹线

在柱子吊装前，应将每根柱子按轴线位置进行编号，在柱身的三个面上弹出柱中心线，供安装时校正使用。

（3）柱身长度和杯底标高检查

柱身长度是指从柱子底面到牛腿面的距离，它等于牛腿面的设计标高与杯底标高之差。检查柱身长度时，应量出柱身 4 条棱线的长度，以最长的一条为准，同时用水准仪测定标高。如果所测杯底标高与所量柱身长度之和不等于牛腿面的设计标高，则必须用水泥砂浆修填杯底。抄平时，应将靠柱身较短棱线一角填高，以保证牛腿面的标高满足设计要求。

（4）柱子吊装时垂直度的校正

柱子吊入杯底时，应使柱脚中心与定位轴线对齐，误差不超过5cm。然后，在杯口处柱脚两边塞入木楔，使之临时固定，再在两条互相垂直的柱列轴线附近，离柱子约为柱高1.5倍的地方各安置一部经纬仪。

柱垂直度校正照准柱脚中心线后固定照准部，仰倾望远镜，照准柱子中心线顶部。如重合，则柱子在这个方向上就是竖直的。如不重合，应用牵绳或千斤顶进行调整，直到柱中心线与十字丝竖丝重合为止。当柱子两个侧面都竖直时，应立即灌浆，以固定柱子的位置。观测时应注意：千万不能将杯口中心线当成柱脚中心线去照准。

（5）吊车梁的吊装测量

吊车梁的吊装测量主要是保证吊装后的吊车梁中心线位置和梁面标高满足设计要求。吊装前先弹出吊车梁的顶面中心线和吊车梁两端中心线，将吊车轨道中心线投到牛腿面上。

11. 怎样建立中小型工业厂房的控制网？

答：如图4-3所示，根据测设方案与测设略图，将经纬仪安置在建筑方格网点E上，分别精确照准D、H点。自E点沿视线方向分别量取$E_b=35.00$m和$E_c=28.00$m，定出b、c两点，然后将经纬仪分别安置在b、c两点上，用测设直角的方法分别测出bⅣ、cⅢ方向线，沿bⅣ方向测出Ⅰ、Ⅳ两点，沿cⅢ方向测出Ⅱ、Ⅲ两点，分别在Ⅰ、Ⅱ、Ⅲ、Ⅳ四个点上钉上木桩，做好标志。最后检查控制桩Ⅰ、Ⅱ、Ⅲ、Ⅳ各点的直角是否符合精度要求，一般情况下其误差精度不应超过$\pm10''$，各边长度相对误差不应超过1/10000～1/25000。

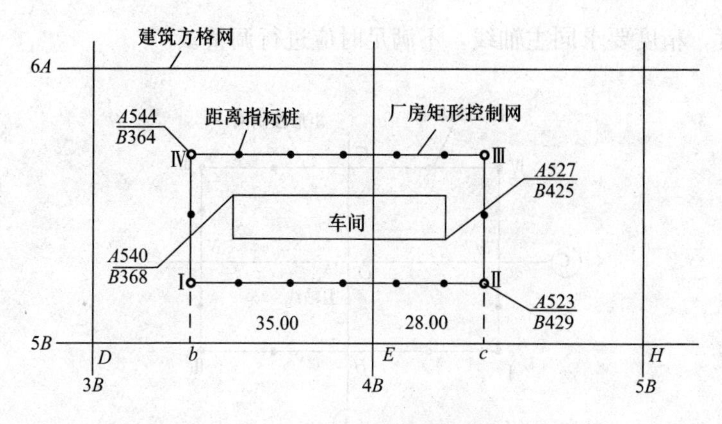

图 4-3　中小型工业厂房矩形控制网示意图

12. 怎样建立大型工业厂房的控制网？

答：对于大型或设备基础比较复杂的厂房，由于施测精度要求较高，为了保证后期测设的精度，其矩形控制网的建立一般分两步进行。首先依据厂区建筑方格网精确测出厂房控制网的主轴线和辅助轴线（可参照建筑方格网主轴线的测设方法进行），当校核达到精度要求后，再根据主轴线测设厂房矩形控制网，并测设各边上的距离指示桩。一般距离指示桩位于厂房柱列轴线或主要设备中心线方向上。最终应进行精度校核，直至达到要求。大型厂房的主轴线测设精度，边长的相对误差不应超过 1/30000，角度偏差不应超过 5″。

如图 4-4 所示，主轴线 *MON* 和 *HOG* 分别选定在厂房柱列轴线Ⓒ和③轴上，Ⅰ、Ⅱ、Ⅲ、Ⅳ为控制网的四个控制点。

测设时，应首先按主轴线测设方法将 *MON* 测设于地面上，再以 *MON* 轴为依据测设短轴 *HOG*，并对短轴方向进行方向改正，使 *MON* 与 *HOG* 正交，限差为±5″。主轴方向确定后，以 *O* 点为中心点，用精密丈量的方法测定纵、横轴端点 *M*、*N*、*H*、*G* 四点，瞄准 *O* 点测设 90°方向，交会出Ⅰ、Ⅱ、Ⅲ、Ⅳ四点，精密丈量 *M*Ⅰ、*M*Ⅳ、*N*Ⅲ、*N*Ⅱ、*H*Ⅰ、*H*Ⅳ、*G*Ⅳ、*G*Ⅲ长度，精度要求同主轴线，不满足时应进行调整。

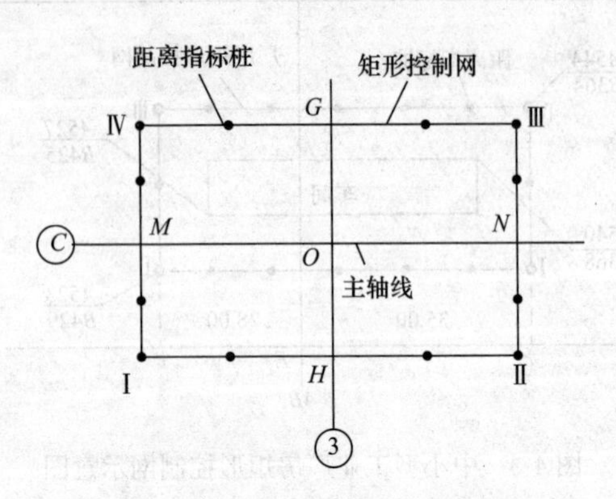

图 4-4 大型工业厂房矩形控制网的测设

13. 怎样进行厂房扩建与改建的测量？

答：在进行旧厂房扩建或改建前，最好能找到原有厂房施工时的控制点，作为扩建与改建时进行控制测量的依据；但原有控制点必须与已有的吊车轨道及主要设备中心线联测，将实测结果提交设计部门。如原厂房控制点已不存在，应按下列不同情况，恢复厂房控制网。

（1）厂房内有吊车轨道时，应以原吊车轨道中心线为依据。

（2）扩建与改建的厂房内主要设备与原有设备联动或衔接时，应以原有设备中心线为依据。

（3）厂房内无重要设备及吊车轨道，可以原有厂房柱子轴线为依据。

14. 怎样进行柱子安装测量？

答：柱子安装测量包括以下内容：

（1）投测柱列轴线

在基础顶面用经纬仪根据柱列轴线控制桩，将柱列轴线投测到杯口顶面上，并弹出墨线，用红漆画出“◤”标志，作为安装柱子时确定轴线的依据。如果柱列轴线不通过柱子的中心线，应在杯形基础顶面加弹柱子中心线。同时用水准仪在杯口内壁测设一条－0.600m的标高线，并画出“▼”标志，作为杯底找平的依据。

（2）柱身弹线

柱子安装前，先将柱子按轴线编号。并在每根柱子的三个侧面弹出柱中心线，并在每条线的上端和下端靠近杯口处画出“◤”标志。根据牛腿面的标高，从牛腿面向下用钢尺量出－0.600m的标高线，并画出“▼”标志。

（3）杯底找平

首先量出柱子的－0.600m标高线至柱子底面的长度，再量出相应的柱基杯口内－0.600m标高线至杯底的尺寸，两个值之差即为杯底找平厚度，用水泥砂浆在杯底进行找平，使牛腿面符合设计标高的要求。

（4）柱子的安装测量

柱子安装测量的目的是保证柱子垂直度、平面位置和标高符合要求。柱子被吊入杯口后，应使柱子三面的中线与杯口中心线对齐，用木楔或钢楔临时固定。通过敲打楔子等方法调整柱子平面位置使其符合要求。并用水准仪检测柱身已标定的轴线标高线。然后将两台经纬仪分别安置在柱基纵、横轴线离柱子不小于柱高1.5倍距离的位置上，先照准柱子底部的中心线标志，固定照准部位后，再缓慢抬高望远镜，通过校正使柱身双向中心线与望远镜十字丝竖丝相重合，柱子垂直度校正完成，最后在杯口与柱子的缝隙中分两次浇筑混凝土，固定柱子。

15. 怎样进行吊车梁、吊车轨道及屋架的安装测量？

答：（1）吊车梁的安装测量

进行吊车梁的安装测量主要是保证吊车梁的平面位置和标高符合要求，具体步骤如下。

1）安装前的准备工作

首先在吊车梁的顶面和两端面上用墨线弹出中心线。再根据厂房中心线，在牛腿面上弹测出吊车梁的中心线。同时根据柱子上的±0.000标高线，用钢尺沿柱侧面向上量出吊车梁顶面设计标高线，作为调整吊车梁顶面标高的依据。

2）吊车梁的安装测量

安装时，使吊车梁两端的中心线与牛腿面上的梁中心线重合，吊车梁初步定位。然后以校正好的两端吊车梁为准，梁上拉钢丝作为校正中间各吊车梁的依据，使每个吊车梁中心线与钢丝重合。也可以采用平行线法对吊车梁的中心线进行校正。

当吊车梁就位后，还应根据柱上面定出的吊车梁标高线检查梁面的标高，不满足时可采用垫铁固定及抹灰调整。然后将水准仪安置在吊车梁上，检测梁面的标高是否符合要求。

（2）吊车轨道的安装测量

安装前先在地面上从轨道中心线向厂房内测量出一定长度（a=0.5～1m），得两条平行线，称为校正线，然后分别安置经纬仪于两个端点上，瞄准另一端点，固定照准部，抬高望远镜瞄准吊车梁上横放的木尺，当视准轴对准木尺刻划值a时，木尺零点应与吊车梁中心线重合，如不重合，予以纠正并重新弹出墨线，以示校正后吊车梁中心线位置。

吊车轨道按校正后的中心线就位后，用水准仪检查轨道面和接头处两轨道端点高程，用钢尺检查两轨道间跨距，其测定值与设计值之差应满足规定要求。

（3）屋架的安装测量

屋架安装是以安装后的柱子为依据，使屋架中心线与柱子上相应中心线对齐。为保证屋架竖直，可用吊垂球的方法或用经纬仪进行校正。具体内容如下：

1）安装前的准备工作

屋架吊装前，在屋架两端弹出中心线，并用经纬仪在柱顶面上测设出屋架定位轴线。

2）屋架的安装测量

屋架吊装就位时，应使屋架的就位线与柱顶面的定位轴线对准，其误差应符合要求。屋架的垂直度可用垂球或经纬仪进行检查。

在屋架上弦中部及两端安装三把卡尺，自屋架几何中心向外量出一定距离（一般为500mm），做出标志。在地面上，距屋架中心线相同距离处，安置经纬仪，通过观测三把卡尺的标志来校正屋架，最后将屋架用电焊固定。

16. 钢结构工程测量包括哪些内容?

答：钢结构工程测量包括如下内容：

（1）平面控制。

建立施工控制网对高层钢结构施工是极为重要的。控制网离施工现场不能太近，要考虑到钢柱的定位、检查、校正。

（2）高程控制。

高层钢结构高程标高测设极为重要，其精度要求高，故施工场地的高程网，应根据城市的二等水准点来建立一个独立的三等水准网，以便在施工过程中直接应用，在进行标高引测时必须先对水准点进行检查。三等水准网高差闭合差的容许误差为$\pm 3\sqrt{n}$mm，其中n为测站数。

（3）轴线位移校正。

任何一节框架钢柱的校正，均以下节钢柱顶部的实际中心线为准，使安装的钢柱底部对准下面钢柱的中心线即可。因此，在安装过程中，必须时时进行钢柱的位移检测，并根据实测的位移量以实际情况加以调整。调整位移时应特别注意钢柱的扭转，因为钢柱的扭转对框架钢柱的安装很不利，必须引起足够的重视。

（4）定位轴线检查。

定位轴线从基础施工就应引起足够的重视，必须在定位轴线测设前选好施工控制点及轴线控制点，待基础浇筑混凝土后再根据轴线控制点将定位轴线引测到柱基钢筋混凝土底板面上，然后预检定位轴线是否同原定位重合、闭合，每根定位轴线总尺寸误差值是否超过限差值，纵、横网轴线是否垂直、平行。预检应由业主、监理、土建、安装四方联合进行，对检查数据要统一认可鉴定。

（5）以三等水准点的标高为依据，对钢柱柱基表面标高实测，将测得的标高偏差用平面图表示，作为临时支承标高调整的依据。

（6）柱间距检查。

柱间距检查是在定位轴线认可的前提下进行的，一般采用检定的钢尺实测柱间距，柱间距偏差应严格控制在±3mm 范围内，决不能超过±5mm。柱间距偏差超过±5mm，则必须调整定位轴线。原因是定位轴线的交点是柱基点，钢柱竖向间距以此为准，框架过梁的连接螺孔的直径一般比高强螺栓直径大 1.5～2.0mm，若柱间距过大或过小，直接影响整个框架梁的安装连接和钢柱的垂直，安装中还会有安装误差。在结构上面检查柱间距时，必须注意安全。

（7）检查单独柱基的中心线同定位轴线之间的误差，若超过限差要求，应调整柱基中心使其同定位轴线重合，然后以柱基中心线为依据，检查地脚螺栓的预埋位置。

第三节　市政公用工程测量技能

1. 道路恢复中线测量的方法有哪些？

答：道路设计阶段所测设的中线里程桩、JD 桩到开工前，一般均有不同程度的碰动或丢失，施工单位要根据定线条件，对丢失桩予以补测，对曾经碰动的桩予以校正。这种对道路中线里程桩、JD 桩补测和校正的作业叫恢复中线测量。

（1）恢复中线测量方法。

恢复中线测量方法有以下两种：

1）图解法

在设计图上量取中线与邻近地物相对关系的图解数据，再依据这些图解数据来校测和补测中线桩，此法精度较低。

2）解析法

以设计给定的坐标数据或设计给定的某些定线条件作为依据，通过计算测设所需数据并测设，将中线桩校测和补测完毕，此法精度较高，目前多使用此方法。

（2）中线调直。

根据上述测法，一般一条中线上至少要定出三个中线点，由于误差不可避免，因此三个中线点不可能在一条中线上，而是一条折线，按要求将所定出的三个中线点调整成一条直线。

（3）精度要求。

测设时应以附近控制点为准，并用相邻控制点进行校核，控制点与测设点间距不应大于100m，用光电测距仪，可放大至200m。道路中线位置的偏差应控制在100m不应大于5mm。道路工程施工中线桩的间距，直线宜为10～20m，曲线宜为10m，遇有特殊要求时，应适当加密，包括中线的起（终）点、折点、交点，平（纵）曲线的起终点及中点，整百米桩、施工分界点等。

（4）圆曲线及缓和曲线的测设，按相关要求和规定进行。

2. 线路工程放样包括哪些内容?

答：（1）放样方法概述

线路工程放样的主要任务是把图纸上设计线路的位置、形状、宽度和高度在施工现场标定出来，作为线路施工的依据。

在平面内连接不同线路方向的曲线，称为平面曲线，简称平曲线。按其半径的不同分为圆曲线和缓和曲线。圆曲线上任意一点的曲率半径都相等；缓和曲线是在直线与圆曲线、圆曲线与圆曲线之间设置的曲率半径连续渐变的一段过渡曲线，其任意一点的曲率半径都在变化。一般平面曲线是按“直线＋缓和曲线＋圆曲线＋缓和曲线＋直线”的顺序连接组成完整的线性。

线路的纵断面是由不同的坡度连接的。当相邻坡度值的代数差超过一定值时，在变坡点处，必须用曲线连接。这种在竖直面上连接不同坡度的曲线，称为竖曲线。竖曲线有凸形与凹形两种。顶点在曲线之上者为凸形竖曲线，反之称为凹形竖曲线。

（2）平面曲线的测设

使用偏角法测设平面曲线的过程如下：

1）根据给定的曲线半径、偏角等要素，计算其他曲线要素和主要点的里程。

2）计算曲线坐标。为了在已知坐标的控制点上进行曲线放样，需要将切线直角坐标系中的曲线坐标转换到线路导线测量坐标系中去。

3）计算圆曲线、缓和曲线上点的偏角值。

4）直接根据所计算出的曲线要素进行主要点的测设，并用偏角进行检核所测设主要点有无错误。

5）进行曲线详细测设。曲线主要点定出后，沿着曲线加密曲线桩（包括一定距离的加密桩、百米桩及其他加桩），以在地面上比较确切地反映曲线的形状。曲线详细测设的方法有多种，常用的有极坐标法、坐标法、偏角法和切线支距法。此外还有弦线偏距法、弦线支距法、割线法、正矢法等。

平面曲线的测设还可以采用全站仪坐标法或 GPS-RTK 法，此时需要计算主要点和细部点在测量坐标系中的坐标，把主要点和细部点一并测设。

（3）竖曲线的测设

与平面曲线一样，测设竖曲线时，首先要进行曲线要素的计算。放样竖曲线上各点时，可根据纵断面图上标注的里程及高程，以附近已放样的整桩为依据，向前或向后量取各点的水平距离，并设置标桩。施工时，再根据附近已知的高程点进行各曲线点设计高程的放样。

3. 线路设计阶段的测绘工作包括哪些内容?

答：线路设计阶段的测绘工作包括如下内容：

（1）线路初测

初测是铁路、公路等线路初步设计的基础和依据。其外业工作包括线路平面控制测量、线路高程测量和地形测量。

1）线路平面控制测量。线路平面控制网的建立，可采用GPS测量和导线测量等方法。

① GPS测量。按线路测量规范的规定，线路测量采用的坐标系要纳入国家大地测量坐标系。因此，线路的初测和定测导线必须与国家大地控制点联测。顾及线路工程全线性、阶段性和渐进性的特点，同时为满足线路定线、施工放样对控制点加密的需要，应分级建立GPS线路控制网。GPS线路控制网的点位选定除满足GPS要求外尚需考虑有利于后续用全站仪等加密布设附和导线或施工放样的需要。点位应选在沿线路方向离线路中线50～300m、稳固可靠且不易被施工破坏的范围内。一般每隔5km左右布设一对相互通视的、边长为500～1000m的GPS点。

② 导线测量。导线的起、终点以及在中间每隔一定距离应与国家平面控制点或其他不低于四等的大地点进行联测。当缺乏平面控制点或联测有困难时，应进行真北观测或用陀螺经纬仪定向检核。

在利用国家控制点进行导线检核时，要考虑所用的控制点是否在同一个高斯投影带内，若不在同一投影带内则应进行换带计算。

2）线路高程测量。线路高程测量采用水准测量和光电三角高程测量。其任务有两类：一是建立沿线高程控制点；二是测定导线点的高程。

初测阶段的水准测量根据工作目的及精度的不同，分为基平测量和中平测量。基平测量是沿线路布设水准点，中平测量是测定导线点及中桩高程。

3）地形测量。初测中的地形测量是测量沿线带状地形图，比例尺一般为1∶2000，地形简单的平坦地区可用1∶5000，困难地区使用1∶1000。测图带的宽度应能满足纸上定线的需要，一般在选点时根据现场情况决定。对于1∶2000测图，测图带宽度在平坦地区为400～600m，在丘陵地区为300～400m。目前大多采用数字摄影测量方法测绘带状地形图。

（2）线路定测

线路定测是根据初步设计及鉴定意见做了纸上定线之后进行的。定测的主要任务是准确地把纸上所定线路测设到实地上，并且结合现场的具体情况改善线路的位置。

定测阶段的中线测量是依据初测导线点定出设计的纸上线路，再沿此线路测设中线桩（百米桩和加桩）和曲线。常用的方法有穿线放线法、拨角放线法、GPS-RTK法、全站仪极坐标法等。

（3）线路纵横断面的测绘

断面图是根据断面外业测量资料绘制而成，非常直观地体现了地面现状的起伏状况，是工程设计和施工中的重要资料，也是铁路、公路等设计的基础文件之一。

1）线路纵断面的测绘。线路的平面位置在实地测设之后，应尽量采用初测水准点的高程数据，以中平测量的要求测出各里程桩、加桩处的高程，绘制表示沿线起伏情况的纵断面图，以便进行线路纵向坡度、桥面位置、隧道洞口位置的设计。

线路纵断面图采用直角坐标法绘制，以中桩的里程为横坐标，以其高程为纵坐标。常用的里程比例尺有1∶2000和1∶1000。为明显表示地形起伏状态，通常使高程比例尺为水平比例尺的10～20倍。

2）线路横断面的测绘。线路横断面测量的主要任务是在各中桩处测定垂直于道路中线方向的地面起伏，然后绘制横断面图。横断面图是设计路基横断面、计算土石方和施工时确定路基填挖边界的依据。

横断面一般选在曲线控制点、公里桩和线路横向地形明显变化处，在大中桥头、隧道洞口、挡土墙等重点工程地段适当加密。测量宽度根据路基宽度及地形情况确定，一般在中线两侧各测 15～50m。

4. 路基边桩放样包括哪些内容？

答：路基边桩放样的准确、及时，是路基施工的必要条件，也是降低路基施工成本，提高经济效益的必要手段。路基放样，可以结合复核工程用地及复核工程量进行，具体做法如下：

（1）根据路基设计文件，对路基设计里程以及需要增设的里程，进行原地断面复测，并绘好原地面断面图，作为复核地界、核对工程量、放路基边桩的基础资料。

（2）根据设计文件，如路基面设计高程、路基面设计宽度、排水设施、挡护设施设计尺寸、加设平台高度、宽度、各级边坡坡率，增设断面里程，进行设计断面绘制。

（3）复核工程用地工作，是根据各绘制好的路基断面图，量取地面线与设计线交点至路基中线的距离，与工程用地宽度进行比较，如距离大于设计用地宽度，查清原因，应及时上报办理用地补征手续，确保路基施工及时放样，争取施工时间，避免施工机械进场补征用地、拖延施工时间、增加施工成本。

（4）复核路基工程量，用绘制好的断面图量取断面积，根据里程，用平均距离法计算工程量，与设计数量核对，差距大及时上报，未批复前暂缓施工。

一般情况下路基边桩放样及施工过程控制步骤如下：

（1）根据各里程绘制好的路基断面图，量取地面线与设计线交点至路基中线的距离。

（2）根据各绘制好的路基断面图，量取地面线与设计线交点至路基面的高差，计算出该点设计高程。

（3）根据放样断面里程、图上量得的宽度，放出图上地面线与设计线交点地上位置，并测出该点实测高程。

（4）计算出实测高程与设计高程的高差，再用设计边坡坡率，计算出调整距离，在路基断面方向进行调整。

（5）检查所放边桩是否正确：测出调整好的桩位高程、坐标，反算出该点到线路中线的宽度，并根据该宽度、路基设计坡率，计算出高程，再与调整好的桩位高程比较，相一致即为开挖边桩。否则重复。

5. 怎样进行边桩上纵坡设计线的测设？

答：施工边桩一般都是一桩两用，既控制中线位置又控制路面高程，即在桩的侧面测设出该桩的路面中心设计高程（一般注明改正数）。具体测法如下：

（1）后视水准点求出视线高。

（2）计算各桩的“应读前视”，即立尺于各桩的设计高程上时，应该读的前视读数。

应读前视＝视线高－路面设计高程

路面设计高程可由纵断面图中查得，也可由某一点的设计高程和坡度推算得到。当第一桩的“应读前视”算出后，也可根据设计坡度和各桩间距算出各桩间的设计高差，然后由第一桩的“应读前视”直接推算出其他各桩的“应读前视”。

（3）在各桩顶上立尺，读出桩顶的前视读数，算出改正数。

改正数＝桩顶前视－应读前视

改正数为“－”表示自桩顶向下量改正数，然后在桩上钉高程钉或画高程线；改正数为“＋”表示自桩顶向上量改正数（必要时需另钉一长木桩），然后在桩上钉高程钉或画高程线。

（4）钉好高程钉。应在各钉上立尺检查读数是否等于应读前视。视差在5mm以内时，认为精度合格，否则应改正高程钉。经过上述工作后，将中线两侧相邻各桩上的高程钉用小线连起来，就得到两条与路面设计高程一致的坡度线。

（5）由于每测一段后，另一水准点闭合，受两侧地形的限制，有时只能在桩的一侧注明桩顶距路中心设计高程的改正数，为防止观测和计算中的错误，施工时由施工人员依据改正数量出设计高程位置，或为施工方便量出高于设计工程20cm的高程线。

6. 怎样进行竖曲线、路拱曲线的测设？

答：（1）竖曲线与竖曲线测设要素

为了保证行车安全，在路线变化时，按规定用圆曲线连接起来，这种曲线就叫做竖曲线。竖曲线分为凹形和凸形两种。

其测设要素包括曲线长L、切线长T和外距E，由于竖曲线半径很大，而转折角较小，故可以近似的计算T、L、E：

切线长 $$T=R\frac{|(i_1-i_2)|}{2}$$

曲线长 $$L=R\times|(i_1-i_2)|$$

外距 $$E=\frac{T^2}{2R}=\frac{L^2}{8R}$$

（2）竖曲线的测设

1）计算竖曲线上各点的设计高程。

① 先按直线坡度计算出各点坡道设计高度H_i'。

② 计算出各点竖曲线高程改正数y_i。

$$y_i=\frac{x^2}{2R}$$

式中 x——竖曲线起（终）点到欲求点的距离；

R——竖曲线的半径。

③ 计算竖曲线上各点的设计高程H_i。

$$H_i=H_i'\pm y_i$$

式中凹形曲线用“+”；凸形曲线用“-”。

2）根据计算结果测设已知高程点。

（3）路拱曲线的测设

1）找出路中心线，从路中心线向左右两侧每隔 50cm 标出一个点位。在路两侧边桩旁插上竹竿（钢筋），依据所画高程线或所注的改正数，从边桩上画出高于设计高程 10cm 的标志，按标志用小线将两桩连起来，得到一条水平线。

2）检测的依据是设计提供的路拱大样图上所列数据，用盒钢尺从中线起向两侧每隔 50cm 检测一点。盒钢尺零端放在路面，向上量至小线看是否符合设计数据。

3）沥青路面横断面高程允许偏差为±10mm，且横坡误差不大于0.3%。

4）在路面宽度小于15m时，一般每幅检测5点即可，即中心线1点，路缘石内侧各1点，抛物线与直线接近处或两侧1/4处各1点。路面宽度大于15m或有特殊要求时，按有关规定检测或使用水准仪实测。

7. 地下管道的施工测量包括哪些内容？

答：地下管道的施工测量包括如下内容：

（1）地下管道的定线测量

根据施工图和设计部门提供的资料，并主动与设计、监理人员联系，搞清现场的水准点或导线点位置和高程数据、坐标数据，在管线附近设立临时水准点、坐标点，设立牢固醒目的标志，定出管道主线、支线位置和主要附件位置，打入管线中心桩、水准桩和其他标志桩。施工时管线上的标桩均应平移至施工操作范围外，在施工位置放出施工白灰线。为了便于鉴别和控制，水准桩、中心桩等应适当加密。相邻桩距离100m以内。为了可靠，使用钢桩深埋，做好编号，用完取出回收。

请监理和设计单位对定线测量情况进行核验确认，填写和签署定线测量记录，然后施工。

管道定线测量方法有：

1）利用控制点放样。

2）利用与原有建筑物的位置关系放样。

3）利用做引点引线的方法进行放样。

（2）地下管道的施工测量

除对中心线进行检查验收外，尚需做下列工作：

1）设立控制桩。由于管道中心桩及井位中心桩在施工时要被挖掉，为了便于恢复中心线和其他附属构筑物的位置关系，应在不受施工干扰、引测方便并易于保存桩位的地方测设施工控制桩。包括中心控制桩和附属构筑物（包括井位中心）位置控制桩两种。

2）加密临时水准点。为了便于施工中引测高程，应根据原有水准点加密临时水准（100～150m一个），精度应满足设计要求。

3）槽口放线。在地面定出槽边线（撒白灰表示）作为开槽的依据。

4）埋设坡度板。坡度板的作用类似于龙门板，是控制管道中线、高程及附属构筑物的基本标志，也是开挖管槽和埋设管道的放样依据。

坡度板的设置是跨槽埋设与地面平齐（或钉于地面），采用刨平的板方。当管道埋设不深时可在刚开槽就设置；当管道须埋至＞3.5m深度时，可在开挖至2m时埋设坡度板。坡度板一般每隔10～15m一块，检查井及三通等处应加设坡度板。若采用机械开挖，须待槽挖完后埋设。如果坡度板埋设不方便，也可以在槽两边钉上与地面平齐的小木桩来进行控制。

坡度板埋好之后应根据中线控制桩，用经纬仪将管道中心线投测到坡度板上，钉上小钉，在小钉间连线，并在连线上挂垂线，就可将中线投至槽底，便于安装管道。

5）放样坡度钉。由于地面起伏，各坡度板向下开挖深度不一致。为了掌握管底、槽底以及各基础面高程和坡度，一般在坡度板中心钉的一侧钉一个高程板，高程板侧面钉上无头的小钉，称坡度钉。利用水准仪，按坡度板及管底设计高程，放样出坡度钉在高程板上的位置。各坡度钉的连线为一条平行于槽底设计坡度线的直线，该直线距管底的距离为下反数，依据此线即可控制管道的安装高程和坡度。

（3）地下管道的施测精度

管线定位测量的平面控制精度：厂区内不得低于Ⅱ级；厂区外不得低于Ⅲ级。管线沟挖土中心线的投点容许误差为±10mm；量距往返相对闭合差不得大于1/2000。地槽竣工后，根据定位点所投测的误差不能大于±5mm。管线的高程控制，一般不低于Ⅳ等水准精度。地槽面及垫层面标高的容许误差为±10mm。各类管线安装标高容许误差：当有些管道坡度很小、管径很大时，要求不利用坡度板而直接利用水准点放样高程。

（4）地下管道的竣工测量

管道工程竣工后，在回填土前，为了如实反映施工成果、评定施工质量，以备将来与扩建、改建管道的连接和维护、检修，必须进行竣工测量。

竣工测量的主要内容是编绘竣工平面图和断面图。应实测管道起、终点及转折点和各井的中心坐标，并且实测出与建筑物或构筑物的位置关系，并在平面图上表示出来。还应注明管径及井的编号、井间距和井底、井沿或管底的设计标高。

在断面图上应全面反映管道的高程位置及坡度，地面起伏形状。对于压力管道，除编制竣工图外，尚需要有敷设的管道接头承受压力的试验等有关文件。

第四节 建筑物变形观测

1. 建筑物水平位移观测的内容、方法各有哪些?

答：（1）建筑物水平位移观测的内容

建筑物水平位移观测的内容如下：

1）建筑物水平位移观测点的位置应选在墙角、柱基及裂缝两边。标志可采用墙上标志，具体形式及埋设应根据点位条件和观测要求确定。

2）水平位移观测的周期，对于不良地基土地区的观测，可与一并进行的沉降观测协调确定；对于受基础施工影响的有关观测，应按施工进度的需要确定。

（2）建筑物水平位移观测的方法

建筑物水平位移观测可根据需要及现场条件选用下列方法：

1）测量地面观测点在特定方向上的位移时，可选用下列几种基准线法：

① 视准线法（包括小角法和活动觇牌法）。

② 激光准直法。

③ 测边角法。主要用于地下管线的观测。

④ 采用基准线法测定绝对位移时，应在基准线两端各自向外的延长线上，埋设基准点或按检核方向线法埋设 4～5 个检核点。

2）测量观测点任意方向位移时，可视观测点的分布情况，采用前方交会法或方向差交会法、导线测量法或近景摄影测量等方法。单个建筑物亦可采用直接量测位移分量的方向线法，在建筑物纵、横轴线的相邻延长线上设置固定方向线，定期测出基础的纵向位移和横向位移。

3）对于观测内容较多的大测区或观测点远离稳定地区的测区，宜采用三角、三边、边角测量与基准线法相结合的综合测量方法或 GPS 测量方法。

2. 怎样进行基坑壁侧向位移观测？

答：(1) 基坑侧向位移观测应测定基坑围护结构桩墙顶水平位移和桩墙深层挠曲。

(2) 基坑侧向位移观测点位的布设应符合下列要求：

1）沿基坑周边桩墙顶每隔 10～15m 布设一点。当采用测斜仪方法观测时，测斜管宜埋设在基坑每边中部及关键部位。

2）应用钢筋计、轴力计等物理测量仪表来测守基坑主要结构的轴力、钢筋内力及监测基坑四周土体压力、孔隙水压力时，应能反映基坑围护结构的变形特征。对变形较大的区域，应适当加密观测点位和增设相应仪表。

3）测站点宜布置在基坑围护的直角上。

(3) 基坑侧向位移观测点的标石、标志及其埋设应符合下列要求：

1）侧向位移观测点宜布置在冠梁上，可采用铆钉枪射入铝钉，亦可钻孔埋设膨胀螺栓或用环氧树脂胶粘标志。

2）采用测斜仪方法观测时，测斜管宜布设在围护结构桩墙内或其外侧的土体内。埋设时将测斜管绑扎在钢筋笼上，同步放入成孔或槽内，通过浇筑混凝土后固定在桩墙中或外侧。测斜管的埋设深度与围护结构入土深度一致。

(4) 位移测定可根据现场条件选用视准线法、测边角法、前方交会法和极坐标等方法，与测斜仪配合使用时，可获得该点沿槽深的总体变形情况。测斜仪观测方法应符合相关规定。

(5) 基坑水平侧向位移观测的精度应根据基坑支护结构类型、基坑形状和深度、周边建筑及设施的重要程度、工程地质与水文地质条件和设计变形报警预估值等因素综合确定。

(6) 基坑开挖期间 2～3d 观测一次，位移量较大时应每天观测 1～2 次，在观测中应视其位移速率变化，以能准确反映整个基坑施工过程中的位移及变形特征为原则相应地增减观测次数。

(7) 基坑侧向位移观测结束后，应及时提交下列成果资料：

1）基坑位移观测点布置图。

2）观测记录和成果。

3）基坑位移曲线图。

4）基坑侧壁桩墙侧向位移曲线图。

5）观测成果分析资料。

3. 怎样进行建筑场地滑坡观测?

答：建筑场地滑坡观测包括如下内容：

(1) 建筑场地滑坡观测应测定滑坡的周界、面积、滑动量、滑移方向、主滑线以及滑动速度，并视需要进行滑坡预报。

(2) 滑坡观测点位的布设应符合下列要求：

1）滑坡面上的观测点应均匀布设。滑动量较大和滑动速度较快的部位，应适当多布点。

2）滑坡周界外稳定的部位和周界内比较稳定的部位，均应布设观测点。

3）主滑方向和滑动范围已明确时，可根据滑坡规模选取十字形或格网形平面布点的方法；主滑方向和滑动范围不明确时，可根据现场条件，采用放射形平面布点的方法。观测点的布设应反映典型断面。

4）需要测定滑坡体深部位移时，应将观测点钻孔位置布设在主滑轴线上，并顾及对滑坡体上的局部滑动和可能具有的多层滑动面的观测。

5）已加固过的滑坡，应在其支挡锚固结构的主要受力构件上布设应力计和观测点。

6）采用GPS观测滑坡位移量时，观测点的布设除应符合本条其他款的要求外，还应符合相关规范的规定。

（3）滑坡观测点位的标石、标志及其埋设应符合下列要求：

1）土体上的观测点，可埋设预制混凝土标石。根据观测精度要求，顶部的标志可采用具有强制对中装置的活动标志或嵌入加工成半球状的钢筋标志。标石埋深不宜小于1m；在冻土地区，应埋至标准冻土线以下0.5m。标石顶部须露出地面20～30cm。

2）岩体上的观测点，可采用砂浆现场浇固的钢筋标志。凿孔深度不宜小于10cm，埋好后，标志顶部须露出岩体面约5cm。

3）必要的临时性或过渡性观测点以及观测周期不长、次数不多的小型滑坡观测点，可埋设硬质大木桩，但顶部须安置照准标志，底部须埋至标准冻土线以下。

4）滑坡体深部位移观测钻孔应穿过潜在滑动面进入稳定的基岩面以下不少于2m。观测钻孔应铅直，孔径不小于110mm；侧斜管与孔壁之间的孔隙按相关规范的规定执行。

5）采用GPS观测的观测点，其观测墩高不应小于1.5m。

（4）滑坡观测点的位移观测方法，可根据现场条件，按下列要求选用：

1）当建筑物较多、地形复杂时，宜采用以三方向交会为主的测角前方交会法，交会角宜在50°～110°之间，长短边不宜悬殊。也可采用测距交会法、测距导线法以及极坐标法。

2）对视野开阔的场地，当面积不大时，可采用放射线观测网法，从两个测站点上按放射状布设交会角在30°～150°之间的若干条观测线，两条观测线的交点即为观测点，每次观测时，以解析法或图解法测出观测点偏离两测线交点的位移量。当场地面积较大时，采用任意方格网法，其布设与观测方法与放射线观测法网相同，但需增加测站点与定向点。

3）对带状滑坡，当通视较好时，可采用测线支距法，在与滑动轴线的垂直方向，布设若干条测线，沿测线选定测站点、定向点与观测点，每次观测时，按支距法测出观测点的位移量与位移方向。当滑坡体窄而长时，可采用十字交叉观测网法。

4）对于抗滑墙（桩）和要求较高的单独测线，可按基准线法测量。

5）对于可能有较大滑动的滑坡，除采用测角前方交会等方法外，亦可采用近景摄影测量方法同时测定观测点的水平和垂直位移。

6）滑坡体内深部测点的位移观测，可采用测斜仪观测方法，测斜仪观测应符合下列要求：

① 测斜仪宜采用能连续进行多点测量的滑动式仪器。仪器包括测头、接收指示器、连接电缆和测斜导管四部分。测头可选用伺服加速度计式或电阻应变计式；接收指示器与测头配套；连接电缆应有距离标记，使用时在测头重力作用下不应有伸长现象；测斜导管的模量既要与土体模量接近，又不致因土压力而压偏导管，导槽须具高成型精度。

② 在观测点上埋设测斜管之前，应按预定埋设深度配好所需测斜管和钻孔或槽。连接测斜管时应对准导槽，使之保持在一直线上。管底端应装底盖，每个接头及底盖处应密封。埋设于结构（如基坑围护结构）中的测斜管，应绑扎在钢筋笼上，同步放入成孔或槽内，通过浇筑混凝土后固定在结构中；埋设于土体中的测斜管，应先用地质钻机成孔，测斜管与钻孔壁之间空隙宜回填细砂或水泥与膨润土拌合的灰浆，其配合比取决于土层的物理

力学性能和水文地质情况。将测斜管吊入孔或槽内时，应使十字形槽口对准观测的水平位移方向。埋好管后，需停留一段时间，使测斜管与土体或结构固连为一整体。

③ 观测时，可由管底开始向上提升测头至待测位置，或沿导槽全长每隔 500mm（轮距）测读一次，测完后，将测头旋转 180°再测一次。两次观测位置（深度）应一致，合起来作为一测回。每周期观测可测两测回，每个测斜导管的初测值，应测四测回，观测成果均取中数值。

7）符合 GPS 观测条件且满足观测精度要求时，可采用 GPS 观测方法观测。

（5）滑坡观测点的高程测量可采用几何水准测量法，对困难点位可采用三角高程测量法。观测路线均应组成闭合或附和网形。

（6）滑坡观测点的施测精度，除有特殊要求另行确定者外，高精度滑坡监测，可按《建筑变形测量规程》中所列二级精度指标施测，其他的可按三级精度指标施测。

（7）滑坡观测的周期应视滑坡的活跃程度及季节变化等情况而定。在雨季每半个月或一个月测一次，干旱季节可每季度测一次。如发现滑速增快，或遇暴雨、地震、解冻等情况时，应及时增加观测次数。在发现有大滑动可能时，应立即缩短观测周期，必要时，每天观测一次或两次。

（8）滑坡预报应采用现场严密监视和资料综合分析相结合的方法进行。每次观测后，应及时整理绘制出各观测点的滑动曲线。当利用回归方程发现有异常观测值，或利用位移对数和时间关系曲线判断有拐点时，应在加强观测的同时，密切注意观察滑前征兆，并结合工程地质、水文地质、地震和气象等方面资料，全面分析，作出滑坡预报，及时报警以采取应急措施。观测工作结束后，应提交下列成果：

1）滑坡观测系统点位布置图。

2）观测成果表。

3）观测点位移与沉降综合曲线图。

4）观测成果分析资料。

5）滑坡预报说明资料。

4. 怎样进行一般建筑物和建筑物基础的倾斜观测？

倾斜观测通常包括一般建筑物倾斜观测和建筑物基础倾斜观测。

（1）一般建筑物倾斜观测

将经纬仪安置在距建筑物约1.5倍建筑物高度处，瞄准建筑物某墙面上部的观测点1（可预先编号并做标记），用盘左、盘右分中投点法向下定出新的一点2（可预先编号或做标记）。相隔一段时间后，经纬仪瞄准上部的观测点，用盘左、盘右分中投点法，向下定出最新的一点3，用钢尺量出下部点2和更新的下部点3之间的偏移值，采用同样方法可以得到垂直方向另一个观测点在另一方向的偏移值。根据两个方向的偏移值可以计算出该建筑物的总偏移值为相互垂直方向的偏移值各自平方之和再开方。根据总偏移值和建筑物总高度可以算出倾斜率为总偏移值与房屋总高之比。

（2）建筑物基础倾斜观测

建筑物基础倾斜观测一般采用精密水准测量的方法，定期测出基础两端点的沉降量差值，根据两点间的距离，可计算出倾斜度。对于整体刚性较好的建筑物的倾斜观测，也可采用基础沉降量差值推算主体侧移值。用精密水准测量测定建筑物两端点的沉降量差值，再根据建筑物的宽度和高度，推算出该建筑物主体的侧移值。

5. 建筑主体倾斜观测包括哪些内容？

答：建筑主体倾斜观测包括如下内容：

（1）建筑主体倾斜观测应测定建筑顶部观测点相对于底部固定点或上层相对于下层观测点的倾斜度、倾斜方向及倾斜速率。刚性建筑的整体倾斜，可通过测量顶面或基础的差异沉降来间接确定。

（2）主体倾斜测站点的布设应符合下列要求：

1）当从建筑外部观测时，测站点的点位应选在与倾斜方向成正交的方向线上距照准目标1.5～2.0倍目标高度的固定位置。当利用建筑内部竖向通道观测时，可将通道底部中心点作为测站点。

2）对于整体倾斜，观测点及底部固定点应沿着对应测站点的建筑主体竖直线，在顶部和底部上下对应布设；对于分层倾斜，应按分层部位上下对应布设。

3）按前方交会法布设的测站点，基线端点的选设应顾及测距或长度丈量的要求。按方向线水平角法布设的测站点，应设置好定向点。

（3）主体倾斜观测点位的标志设置应符合下列要求：

1）建筑顶部和墙体上的观测点标志可采用埋入式照准标志。当有特殊要求时，应专门设计。

2）不便埋设标志的塔形、圆形建筑以及竖直构件，可以照准视线所切同高边缘确定的位置或用高度角控制的位置作为观测点位。

3）位于地面的测站点和定向点，可根据不同的观测要求，使用带有强制对中装置的观测墩或混凝土标石。

4）对于一次性倾斜观测项目，观测点标志可采用标记形式或直接利用符合位置与照准要求的建筑特征部位，测站点可采用小标石或临时性标志。

（4）主体倾斜观测的精度可根据给定的倾斜量允许值确定，当由基础倾斜间接确定建筑整体倾斜时，基础差异沉降的观测精度应按建筑工程测量规范的规定确定。

（5）主体倾斜观测的周期可视倾斜速度每1～3个月观测一次，当遇基础附近因大量堆载或缺载、场地降雨长期积水等而导致倾斜速度加快时，应及时增加观测次数。倾斜观测应避开强日照和风荷载影响大的时间段。

（6）当从建筑或构件的外部观测主体倾斜时，宜选用下列经纬仪观测法：

1）投点法。观测时，应在底部观测点位置安置水平读数尺等量测设施。在每测站安置经纬仪投影时，应按正倒镜法测出每对上下观测点标志间的水平位移分量，再按矢量相加法求得水平位移值（倾斜量）和位移方向（倾斜方向）。

2）测水平角法。对塔、圆形建筑或构件，每测站的观测应以定向点作为零方向，测出各观测点的方向值和至底部中心的距离，计算顶部中心相对底部中心的水平位移分量。对矩形建筑，可在每测站直接观测顶部观测点与底部观测点之间的夹角或上层观测点与下层观测点之间的夹角，以所测角值与距离值计算整体的或分层的水平位移分量和位移方向。

3）前方交会法。所选基线应与观测点组成最佳构形，交会角宜在其中。水平位移计算，可采用直接由两周期观测方向值之差解算坐标变化量的方向差交会法，亦可采用按每周期计算观测点坐标值，再以坐标差计算水平位移的方法。

（7）当利用建筑或构件的顶部与底部之间的竖向通视条件进行主体倾斜观测时，宜选用下列观测方法：

1）激光铅直仪观测法。应在顶部适当位置安置接收靶，在其垂线下的地面或地板上安置激光铅直仪或激光经纬仪，按一定周期观测，在接收靶上直接读取或量出顶部的水平位移量和位移方向。作业中仪器应严格整平、对中，应旋转观测两次取其中数。对超高层建筑，当仪器设在楼体内部时，应考虑大气湍流影响。

2）激光位移计自动记录法。位移计宜安置在建筑底层或地下室地板上，接收装置可设在顶层或需要观测的楼层，激光通道可利用未使用的电梯井或楼梯间隔，测试室宜选在靠近顶部的楼层内。当位移计发射激光时，从测试室的光线示波器上可直接获取位移图像及有关参数，并自动记录成果。

3）正、倒垂线法。垂线宜选用直径为0.6～1.2mm的不锈钢丝或铟瓦丝，并采用无缝钢管保护。采用垂线法时，垂线上端可锚固在通道顶部或所需高度处设置的支点上。采用倒垂线法时，垂线下端可固定在锚块上，上端设浮筒。用来稳定重锤、浮子的油箱中应装有阻尼液。观测时，由测墩上安置的坐标仪、光学垂线仪、电感式垂线仪等量测设备，按一定周期测出各测点的水平位移量。

4）吊垂球法。在顶部或所需高度处的观测点位置上，直接或支出一点悬挂适当重量的垂球，在垂线的底部固定毫米格网读数板等读数设备，直接读取或量出上部观测点相对底部观测点的水平位移量和位移方向。

（8）当利用相对沉降量间接确定建筑整体倾斜时，可选用下列方法：

1）倾斜仪测记法。可采用水管式倾斜仪、水平摆倾斜仪、气泡倾斜仪或电子倾斜仪进行观测。倾斜仪应具有连续读数、自动记录和数字传输的功能。监测建筑上部层面倾斜时，仪器可安置在建筑顶层或需要观测的楼层的楼板上。监测基础倾斜时，仪器可安置在基础面上，以所测楼层基础面的水平倾角变化值反映和分析建筑倾斜的变化程度。

2）测定基础沉降差法。在基础上选设观测点，采用水准测量方法，以所测各周期基础的沉降差换算求得建筑整体倾斜度及倾斜方向。

（9）倾斜观测应提交下列图表：

1）倾斜观测点位布置图；

2）倾斜观测成果表；

3）主体倾斜曲线图。

6. 沉降观测时水准点的设置和观测点的布设有哪些要求？

答：（1）水准点的设置

水准点的设置应满足下列要求：

1）水准点的数目不应少于3个，以便检查。

2）水准点应该设置在沉降变形区以外，距沉降观测点不应大于 100m，观测方便且不受施工影响的地方。

3）为防止冻结影响，水准点埋设深度至少要在冻结线以下 0.5m。

（2）观测点的布设

沉降观测点的布设应能全面反映建筑及地基变形特征，并顾及地质情况和建筑结构的特点，点位宜选在下列位置：

1）建筑物四角、核心筒四角、大转角处以及沿外墙每 10～20m 处或每隔 2～3 根柱基上；

2）新旧建筑物、高低层建筑物、纵横墙交接处的两侧；

3）裂缝、沉降缝、伸缩缝或后浇带两侧，基础埋深相差悬殊处、人工地基与天然地基接壤处、不同结构的分界处及填挖方分界处；

4）宽度大于等于 15m 或宽度小于 15m 但地质复杂以及膨胀土地区的建筑物，应在承重内隔墙中部设内墙点，并在室内地面中心及四周设地面点；

5）邻近堆置重物处、受振动有显著影响的部位及基础下的暗浜（沟）处；

6）框架结构建筑物的每个或部分柱基上或沿纵横轴线设点；

7）筏板基础、箱型基础底部或接近基础的结构部分的四角处及中部位置；

8）重型设备基础和动力设备基础的四角处、基础形式改变处、埋深改变处以及地质条件变化处两侧；

9）电视塔、烟囱、水塔、油罐、炼油塔、高楼等高耸构筑物，沿周边与基础轴线相交的对称位置，不得少于 4 个点。

7. 沉降观测的周期怎样确定？

答：沉降观测周期和观测时间应根据工程性质、施工进度、地基地质情况及基础荷载的变化情况，按下列要求并结合实际情况而定：

（1）普通建筑可在基础完工后或地下室砌完后开始检测，大型、高层建筑可在基础垫层或基础底部完成后开始观测。

（2）观测次数与观测时间应视地基和加荷情况而定。民用高层建筑可每加高1～5层观测一次，工业建筑可按回填基坑、安装柱子和屋架、砌筑墙体、设备安装等不同施工阶段分别进行观测。若建筑施工均匀增高，至少应在增加荷载25％、50％、75％和100％时各测一次。

（3）施工过程中若暂停施工，在停工时和重新开始时应各观测一次。停工期间可每隔2～3个月观测一次。

（4）在观测过程中，若有基础附近地面荷载突然增加、基础四周大量积水、长时间连续降雨等情况，均应及时增加观测次数。当建筑突然发生大量沉降、不均匀沉降或严重裂缝时，应立即进行逐日或每2～3d一次的连续观测。

（5）建筑物使用阶段的观测次数，应视地面土类型和沉降速率大小而定。除有特殊要求外，可在第一年观测3～4次，第二年观测2～3次，第三年以后每年观测1次，直至稳定为止。

（6）建筑沉降是否进入稳定阶段，应由沉降量-时间关系曲线决定。当最后100d的沉降量在0.01～0.04mm/d时可认为已经进入稳定阶段。具体取值宜根据各地区地基土的压缩性能确定。

8. 建筑沉降观测的方法和观测的有关资料各有哪些?

答：（1）建筑沉降观测的方法

建筑沉降观测的方法视沉降观测的精度而定，有一、二、三等水准测量，三角高程测量等方法，常用的是水准测量方法。

（2）沉降观测的有关资料

沉降观测的资料有：

1）沉降观测成果表；

2）沉降观测点位分布图及各周期沉降展开图；

3）荷载、时间、沉降量曲线图；

4）建筑物等沉降曲线图。

第五节 基础工程与设备安装工程测量技能

1. 怎样进行混凝土杯形基础施工测量?

答：(1) 柱基础定位

根据厂房平面图，将柱基纵横轴线投测到地面上去，并根据基础图放出柱基挖土边线。

首先在矩形控制网边上测定基础中心线的端点（基础中心线与矩形边的交点），如图 4-5 中的 A、A'、1 和 $1'$等点。端点应根据矩形边上相邻两个距离指标桩，以内分法测定（距离闭合差应进行配赋），然后将两台经纬仪分别置于矩形网上端点 A 和 2 处，分别瞄准 A'和 $2'$进行中心线投点，其交点就是②号柱基的中心。

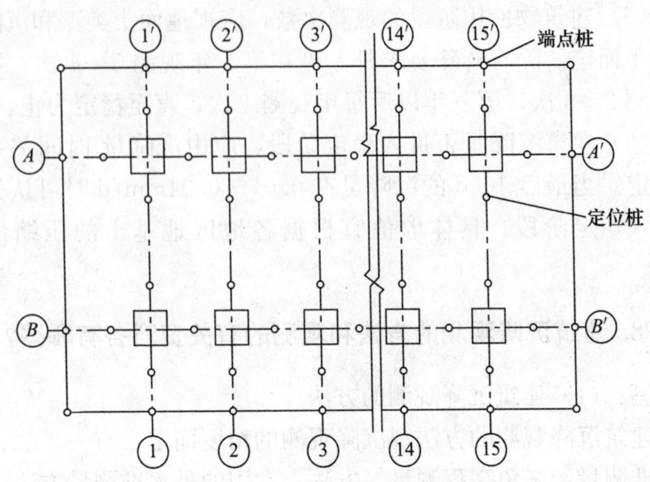

图 4-5 柱基础定位控制网

然后根据基础图，进行柱基放线，用灰线把基坑开挖边线在实地标出。在离开挖边线 0.5～1.0m 处方向线上打入 4 个定位木桩，钉上小钉标示中线方向，供修坑立模之用。同法可放出全部柱基。

(2) 基坑抄平

基坑开挖后，当基坑快要挖到设计标高时，应在基坑的四壁或者坑底边沿及中央打入小木桩，在木桩上引测同一高程的标高，以便根据标点拉线修整坑底和打垫层。

(3) 支立模板时的测量工作

垫层打好以后，根据柱基定位桩在垫层上放出基础中心线，并弹墨线标明，作为支模板的依据。支模上口还可由坑边定位桩直接拉线，用吊垂球的方法检查其位置是否正确。然后在模板的内表面用水准仪引测基础面的设计标高，并画线标明。在支杯底模板时，应注意使实际浇灌出来的杯底顶面比原设计标高略低3～25cm，以便拆模后填高修平杯底。

(4) 杯口中线投点与抄平

在柱基拆模以后，根据矩形控制网上柱中心线端点，用经纬仪把柱中线投到杯口顶面，并绘标志标明，以备吊装柱子时使用（图 4-6）。中线投点有两种方法：一种是将仪器安置在柱中心线的一个端点，照准另一个端点而将中线投到杯口上；另一种是将仪器置于中线上的适当位置，照准控制网上柱基中心线两端点，采用正倒镜法进行投点。

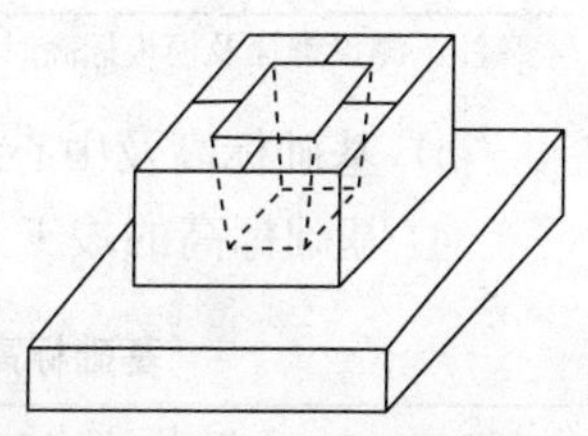

图 4-6　杯口中线投测

为了修平杯底，须在杯口内壁测设某一标高线、该标高线应比基础顶面略低 3～5cm。与杯底设计标高的距离为整分米数，以便根据该标高线修平杯底。

2. 怎样进行混凝土柱基础、柱身、平台施工测量？

答：(1) 施工测量工作

当柱基础、柱身到上面的每层平台采用现场捣制混凝土的方法进行施工时，配合施工要进行的测量工作包括：

1) 柱基础中线投点及标高的测设；

2) 柱子垂直度测量；

3) 柱顶及平台模板抄平；

4) 高层标高引测与柱中心线投点。

(2) 施工测量允许偏差

施工测量允许偏差应符合以下规定：

1) 基础工程中各工序中心线及标高测设的允许偏差，应符合表 4-2 的规定。

基础工程中心线及标高测设允许偏差（mm）　　表 4-2

项　目	基础定位	垫层面	模　板	螺　栓
中心线端点测设	±5	±2	±1	±1
中心线投点	±10	±5	±3	±2
标高测设	±10	±5	±3	±3

注：测设螺栓及模板标高时，应考虑预留盖度。

2) 基础标高及中心线的竣工测量允许偏差

① 基础标高的竣工测量允许偏差，应符合表 4-3 的规定。

基础标高竣工测量允许偏差（mm）　　表 4-3

杯口底标高	钢柱、设备基础面标高	地脚螺栓标高	工业炉基础面标高
±3	±2	±3	±3

② 基础中心线竣工测量的允许偏差应符合下列规定：根据厂房内、外控制点测设基础中心线的端点，其允许偏差为 ±1mm；基础中心线投点允许偏差，应符合表 4-4 的规定。

基础中心线投点允许偏差（mm）　　表 4-4

连续生产线上设备基础	预埋螺栓基础	预留螺栓孔基础	基础杯口	烟囱、烟道、沟槽
±2	±2	±3	±3	±5

3. 怎样进行钢柱基础施工测量？

答：钢柱基础定位与基坑底层抄平方法均与混凝土杯形基础相同，其特点是基坑较深而且基础下面有垫层以及地脚螺栓。其施测方法与步骤如下：

(1) 垫层中线投点和抄平

垫层混凝土凝固后，应在垫层面上投测中线点，并根据中线点弹出墨线，绘出地脚螺栓固定架的位置，以便下一步安置固定架并根据中线支立模板。投测中线时经纬仪必须安置在基坑旁（这样才能看到坑底），然后照准矩形控制网上基础中心线的两端点，用正倒镜法，先将经纬仪中心导入中心线内，而后进行投点。螺栓固定架位置在垫层上绘出后，即在固定架外框四角处测出四点标高，以便用来检查并整平垫层混凝土面，使其符合设计标高，便于固定架的安装。如基础过深，从地面上引测基础底面标高，标尺不够长时，可采取挂钢尺法。

（2）固定架中线投点与抄平

1）固定架的安置。固定架是用钢材制作，用以固定地脚螺栓及其他埋设件的框架。根据垫层上的中心线和所画的位置将其安置在垫层上，然后根据在垫层上测定的标高点，借以找平地脚，将高的地方混凝土打去一些，低的地方垫以小块钢板并与底层钢筋网焊牢，使其符合设计标高。

2）固定架抄平。固定架安置好后，用水准仪测出四根横梁的标高，以检查固定架标高是否符合设计要求，允许偏差为－5mm，但不应高于设计标高。固定架标高满足要求后，将固定架与底层钢筋网焊牢，并加焊钢筋支撑。若系深坑固定架，在其脚下需浇灌混凝土，使其稳固。

3）中线投点。在投点前，应对矩形边上的中心线端点进行检查，然后根据相应两端点，将中线投测于固定架横梁上，并刻绘标志。其中线投点偏差（相对于中线端点）为±（1～2）mm。

（3）地脚螺栓的安装与标高测量

根据垫层上和固定架上投测的中心点，把地脚螺栓安放在设计位置。为了测定地脚螺栓的标高，在固定架的斜对角处焊两根小角钢，在两角钢上引测同一数值的标高点，并刻绘标志，其高度应比地脚螺栓的设计高度稍低一些。然后在角钢上两标点处拉一细钢丝，以定出螺栓的安装高度。待螺栓安好后，测出螺栓第一丝扣的标高。地脚螺栓不宜低于设计标高，允许偏差为＋(5～25)mm。

(4) 支立模板与浇灌混凝土时的测量工作

支模测量与混凝土杯形基础相同。重要基础在浇灌过程中，为了保证地脚螺栓位置及标高的正确，应进行看守观测，如发现变动应立即通知施工人员及时处理。

(5) 用木架安放地脚螺栓时的测量工作

为了节约钢材，有的基础不用固定架，而采用木架。这种木架与模板联结在一起，在模板与木架支撑牢固后，即在其上投点放线。地脚螺栓安装以后，检查螺栓第一丝扣标高是否符合要求，合格后即可将螺栓焊牢在钢筋网上。因木架稳定性较差，为了保证质量，模板与木架必须支撑牢固，在浇灌混凝土过程中必须进行看守观测。

4. 怎样进行设备基础施工测量?

答：设备基础施工测量的方法包括如下内容：

(1) 测量步骤

1) 设置大型设备内控制网。

2) 进行基础定位，绘制大型设备中心线测设图。

3) 进行基础开挖与基础底层放线。

4) 进行设备基础上层放线。

(2) 连续生产设备安装的测量方法

1) 安装基准线的测设。中心标板应在浇灌基础时，配合土建埋设，也可待基础养护期满后再埋设；放线，就是根据施工图，按建筑物的定位轴线来测定机械设备的纵、横中心线并标注在中心标板上，作为设备安装的基准线。设备安装平面基准线不应少于纵、横两条。

2) 安装标高基准点的测设。标高基准点一般埋设在基础边缘且便于观测的位置，标高基准点一般有两种：一种是简单的标高基准点；另一种是预埋标高基准点。采用钢制标高基准点，应设在靠近设备基础边缘便于测量处，不允许埋设在设备底板下面的基础表面。

切记：简单的标高基准点一般作为独立设备安装的基准点；预埋标高基准点主要用于连续生产线上的设备在安装时使用。

5. 怎样确定机械设备安装基准线和基准点?

答：设备安装前应确定纵向和横向基准线（中心线）和基准点（标高点）作为设备定位的依据。测定了基准中心点后，就可以据此来放线。

（1）拉线的工具和要求

拉线的工具和要求如下：

1）线。拉线用的线一般采用钢丝。钢丝的直径可为 0.3～0.8mm，视拉线的距离而定。线一般拉在空中，为了确定所拉线的位置，必须吊线坠。

2）线坠。线坠是定中心用的，轴线外系有细线使线坠的坠尖对准中心点。

3）线架。线架是为了固定所拉的线，其形式可以是固定式的，也可以是移动式的，只要稳固即可。线架上必须具有拉紧装置和调心装置，通过螺母螺杆的相对运动调整滑轮（线通过滑轮槽架设）的左右位置，可达到所拉线位置的目的。图 4-7 为小线架的示意图。

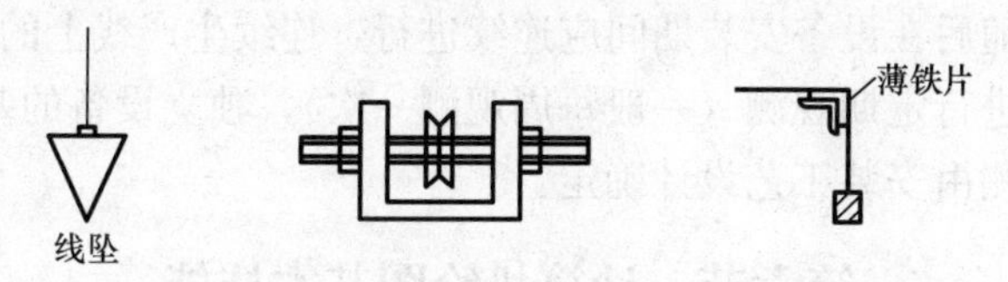

图 4-7　小线架

安装基准线一般都是直线，根据“两点决定一直线”法则，只要定出两个基准点，就构成了一条基准线。平面安装基准线最少不少于纵横两条。

（2）安装基准线

安装基准线包括下列几种形式：

1）画墨线。即木工通常用的方法，它误差较大，一般在

2mm以上，而且距离长时不好画，一般用在要求不高的地方。

2）用点代替线。安装中有时并不需要整条线，画点时可以先拉一条线，在线上需要的地方画出几个点，然后将线收掉；也可以用经纬仪投点，例如可画成“▽”以其顶边为准。要求高时用中心板。

3）用光线代替线。也就是用经纬仪、激光准直仪等光学仪器代替画墨线和拉线等办法。

4）拉线。这是安装中放平面位置基准线常用的方法。

6. 设备安装期间的沉降观测方法与要求有哪些？

答：对于连续生产的设备基础，沉降观测采用二等水准测量方法。其要求如下：

（1）起算基点应选择附近牢固的水准点。

（2）每隔适当距离选定一个基准点（最好每一个基础选一点），与起算基点组成水准环线，往返各测一次，每次环形闭合差不应超过$\pm 0.5\sqrt{n}$mm（n为测站数），并进行平差计算。

（3）不组成环线的基准点，应根据相邻两个已测的基准点进行观测，比差应在0.7mm以内，并取用其平均值。

（4）对于埋设在基础上的基准点，在埋设之后就开始第一次观测，随后在设备安装期间应连续进行，连续生产线上的安装基准点应进行定期观测（一般每周观测一次），独立设备的基准点，沉降观测由安装工艺设计确定。

第六节　计算机绘图基本技能

1. 数字地形测量软件选用应满足哪些要求？计算机绘图的主要技术指标、地形图内业检查及实测检查的要求各有哪些？

答：（1）数字地形测量软件选用应满足下列要求：

1）适合工程测量作业特点。

2）满足精度要求，功能齐全、符号规范。

3）操作简单、界面友好。

4）采用常用的数据、图形输出格式。对软件特有的线性、汉字、符号，应提供相应的库文件。

5）具有用户开放功能。

6）具有网络共享功能。

（2）计算机绘图所用的绘图仪的主要技术指标，应满足大比例尺成图精度的要求。

（3）地形图应经过内业检查，实地的、全面对照及实测检查。实测检查量不应少于测图工作量的10%，检查的统计结果应满足表2-12～表2-14的规定。

参考文献

[1] 中华人民共和国国家标准. 建设工程项目管理规范 GB/T 50326—2006 [S]. 北京：中国建筑工业出版社，2006.

[2] 中华人民共和国国家标准. 建设工程监理规范 GB/T 50319—2013 [S]. 北京：中国建筑工业出版社，2014.

[3] 中华人民共和国国家标准. 工程测量规范 GB 50026—2007 [S]. 北京：中国计划出版社，2008.

[4] 中华人民共和国国家标准. 混凝土结构设计规范 GB 50010—2010 [S]. 北京：中国建筑工业出版社，2011.

[5] 中华人民共和国国家标准. 砌体结构设计规范 GB 50003—2011 [S]. 北京：中国计划出版社，2012.

[6] 中华人民共和国国家标准. 建筑地基基础设计规范 GB 50007—2011 [S]. 北京：中国计划出版社，2012.

[7] 中华人民共和国行业标准. 建筑变形测量规范 JGJ 8—2007 [S]. 北京：中国建筑工业出版社，2008.

[8] 王文睿. 手把手教你当好甲方代表 [S]. 北京：中国建筑工业出版社，2013.

[9] 王文睿. 手把手教你当好土建施工员 [S]. 北京：中国建筑工业出版社，2015.

[10] 王文睿. 手把手教你当好装饰装修施工员 [S]. 北京：中国建筑工业出版社，2015.

[11] 王文睿. 手把手教你当好土建质量员 [S]. 北京：中国建筑工业出版社，2015.

[12] 王文睿. 手把手教你当好安全员 [S]. 北京：中国建筑工业出版社，2015.

[13] 袁锐文. 建筑工程关键岗位管理人员必懂 600 点：测量员 [S]. 北京：中国电力出版社，2011.

[14] 北京土木建筑学会 . 测量员必读 [S]. 北京：中国电力出版社，

2013.
[15] 本书编委会. 测量员一本通 [S]. 北京：中国建材工业出版社，2008.
[16] 本书编写组. 建筑测量员上岗指南—不可不知的 500 个关键细节 [S]. 北京：中国建材工业出版社，2012.